Servizo de Publicacións
UniversidadeVigo

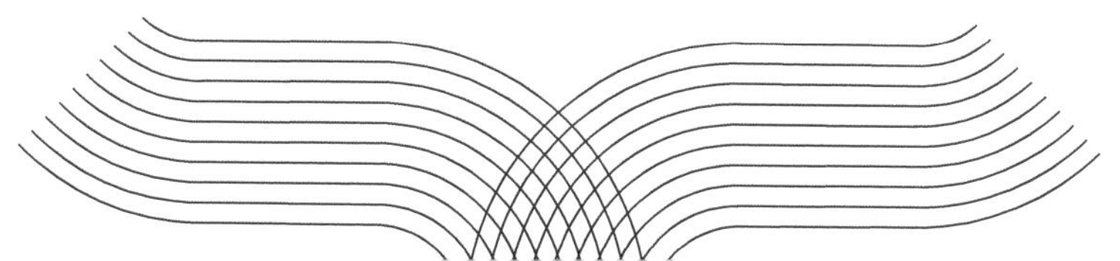

Miscelánea
Serie de textos misceláneos

Edición
Universidade de Vigo
Servizo de Publicacións
Rúa de Leonardo da Vinci, s/n
36310 Vigo

Deseño gráfico
Tania Sueiro Graña
Área de Imaxe
Vicerreitoría de Comunicación e Relacións Institucionais

Imaxe da portada
Adobe stock

Maquetación e impresión
Tórculo Comunicación Gráfica, S. A.

ISBN
978-84-1188-013-8

Depósito legal
VG 368-2024

Servizo de Publicacións
Universidade Vigo

La piedra de los monumentos gallegos

Formas de alteración y procesos de deterioro

Autora

Benita Silva Hermo

Edición a cargo de

Teresa Rivas Brea
Beatriz Prieto Lamas

NOTA DE LAS EDITORAS

Este libro reúne los textos y material gráfico que Benita Silva Hermo, profesora e investigadora de la Universidad de Santiago de Compostela, elaboró durante los últimos años de su carrera profesional; su intención era recopilar todo el conocimiento adquirido por ella y por su equipo, durante décadas de investigación, sobre el deterioro del granito en monumentos en Galicia y, sobre todo, transmitirlo de forma amena a todas las personas implicadas en la conservación del patrimonio cultural gallego. Su fallecimiento dejó esta labor inconclusa. Las editoras de este libro, discípulas y amigas de Beni, creemos que el mejor homenaje a su persona es hacer realidad su deseo: publicar todo el material que elaboró y permitir así que su conocimiento se transmita.

Todos los textos los ha redactado Benita; las editoras hemos realizado una labor de revisión, actualización de referencias y organización final del contenido; dos colegas muy queridos de Benita, Eduardo García-Rodeja y Rosa Calvo de Anta, han colaborado revisando los capítulos 1 y 2. Casi la totalidad del material fotográfico gráfico también es de Beni, aunque hubo imágenes que, por ser antiguas y no tener suficiente calidad, fueron aportadas por las editoras o por otras personas a quienes se les agradece la cortesía. El departamento de Edafología y Química Agrícola de la USC, en donde Benita desarrolló su profesión, ha colaborado financiando la elaboración de las ilustraciones y dibujos artísticos que son obra de Clara Cerviño.

Todo este trabajo de recopilación y edición ha sido muy apasionante para nosotras; nos ha permitido constatar de nuevo cuánto sabía Beni de esta temática y cuánto disfrutaba transmitiendo ese conocimiento. Y también, como nos ocurrió un sinfín de veces al encontrarnos con fotografías y dibujos hechos por ella o constatando de nuevo su capacidad de transmitir ciencia usando anécdotas cotidianas, hemos sentido una emoción intensa y un enorme orgullo de haber vivido junto a ella y aprender de ella todos estos años.

Con este libro, por fin, casi la totalidad del conocimiento científico del deterioro del granito en monumentos antiguos gallegos aparece reunida en una única obra que, sin perder nunca el rigor científico, está escrita de forma amena y clara, cumpliendo así la función divulgativa que Benita pretendió.

Beatriz Prieto Lamas
Universidad de Santiago de Compostela

Teresa Rivas Brea
Universidad de Vigo

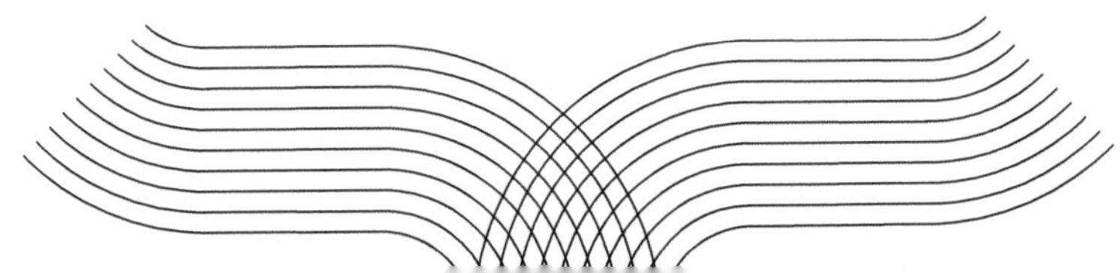

Prólogo
Preface

One day, sometime around 1985, I got a message (under the form of a written letter) in my inbox (made of wooden pieces), signed by an unknown person to me, and asking for somewhat a rather unexpected service. Benita Silva Hermo was the sender and she was asking for my collaboration to help her and a student of hers to plan, implement and discuss the work to get a PhD on the conservation of granite on cultural objects.

My first reaction was of a big surprise. Why me? How does this person know me? My publications in this domain were virtually none at that time, and how can I help in something that I am little, if anything, ahead of them? If the subject is new and complex for them, it is not less for me, and if it is a challenge for them, it is a challenge for me too. And challenge was the key-issue for my decision: challenges are always to be accepted, especially when they are difficult ones!

By a happy coincidence, a meeting of the Petrography Group, of the ICOMOS Stone Committee, was scheduled for Lisbon in the coming months, and I invited Benita Silva and her student to participate in that meeting, which they accepted. Meeting a potential partner in person is a very useful starting point in any collaboration and their coming to Lisbon was, in fact, the trigger for a fruitful collaboration and the beginning of a marvellous relationship.

Benita Silva was accompanied by Montserrat Casal and, in the most natural sequence, they became Beni and Montse. They soon realised that I was not "that professor!", and the three of us agreed that by following a "do-learn-try-again" procedure we would certainly be able to prepare a research program that Montse would implement to obtain her doctorate degree.

On a certain day in the following months, I took a train to Santiago de Compostela to analyse onsite what we had in front of us as potential working material, and to discuss the possible ways we could move forward with the research plan. I remember well that Montse and her aunt Teresa picked me up from Redondela and took me on what was my first visit to Galicia. Then, the historic centre, its narrow streets, the grand cathedral, the world of granite, the imposing patterns of deterioration, the tasty tapas, the wonderful fresh fish, a permanent and free dialogue, and a succession of ideas and plans.

It was really worth going there. A fruitful collaboration began that gave rise to the world's first thesis on the conservation of granite in cultural heritage and began a friendship that has continued and improved ever since.

As a natural consequence, when in 1990 I was putting together a team to compete for European funding programs, the Santiago team was invited and included in the GRANITIX project. Therefore, it is with great pride that I consider myself a modest contributor to the success achieved by the Santiago team. The two theses prepared by the editors of this book, Teresa Rivas and Beatriz Prieto, were strongly rooted in the GRANITIX research and this shows that it was worth traveling the uncertain and timid paths begun in 1985.

My relationship with Beni went far beyond a mere professional level. From the first meeting, her deep sense of humanity, her kindness, and genuine nature were evident and contagious. Her husband, José, is a facilitator of friendships and both could easily integrate a casual meeting into an informal family gathering. And so it was for the rest of her life, in reciprocal family visits to Santiago, Palmeira and Lisbon, in the most formal meetings anywhere too, until that terrible and cruel illness took her from her family and friends.

The editors asked me to prepare a preface to the book, certainly not expecting to receive an account of personal thoughts about a mutual relationship, but I thought that this book cannot be fully understood without knowing who Benita Silva was, how she looked at whom surrounding her and how she interacted with colleagues and partners.

The book is organised in 6 chapters: 1. Introduction to the rocks used in monuments; 2. Lithology of Galicia and its representation in cultural heritage; 3. Properties of rocks as construction material; 4. Deterioration patterns of granite in monuments; 5. Factors and agents of stone deterioration in monuments; 6. Biodeterioration and bioreceptivity.

Chapters 1-2 contain a synopsis of the fundamentals of lithology and petrography to give readers the basic knowledge to follow the discussion on problems commonly encountered in human constructions and prepare them for the specific situation of Galician monuments. They were organized to address these matters in a very broad way, but always giving some emphasis to the specific characteristics of Galician geology and its main construction material - granite. The contents are relevant and presented in a simple but not simplistic way, clearly with the student community as the main target and recipient.

Chapter 3 introduces the topic of rocks as building materials. It covers most types of rocks in a simplified way and goes into more detail when it comes to granitic rocks. The properties of stone relevant to understanding its potential as a construction material are described and their relative importance in explaining stone performance is commented on. Concerning the granites used in Galicia, the author expands the concepts related to their extraction, cutting and put into use.

Chapter 4 deals with the alteration of stone in human constructions and emphasises the behaviour of granite, especially what can be found and seen in the monuments of Galicia. It addresses the scientific aspects of this topic but also illustrates how complex and diverse the problems encountered are and implicitly conveys the notion of how the author was concerned with the Cultural Heritage of Galicia.

Chapter 5 is the core of the book and deals with the factors and agents involved in the processes that lead to the deterioration of stone on exposed surfaces in human constructions. If the previous chapters already reflect, to a large extent, the author's experience, this chapter presents the essentials of that same experience. It highlights the role of inherited alteration of typical Galician granites, describes the action of natural and human-induced atmospheric components and comments on the deterioration mechanisms that explain some of the most relevant deterioration patterns found in Galician monuments. The role of water as a key player in deterioration problems is thoroughly addressed, either when it is an agent or a factor in deterioration processes. The plaque formation process leads to typical patterns of deterioration in granite monuments in Galicia and has a high damaging potential, which the author analyses here in detail, taking advantage of the research carried out by the author and her collaborators. Soluble salts are possibly the most devastating agents of deterioration of construction materials, especially in coastal regions, and are particularly harmful when granite substrates show an advanced level of inherited alteration, as in many of Galician monuments. The author points out the main types of salts present in monuments, indicates their main sources and discusses how the crystallisation of soluble salts can affect the cohesion of materials and lead to their progressive destruction. The text illustrates how the author was interested in this process of deterioration and how she prepared and implemented some research projects to allow us to understand and explain it, which is an essential condition for us to be able to treat them appropriately in the concrete situations of our monuments.

Chapter 6 deals with biodeterioration and focuses on the great impact that this phenomenon has on Galicia's monuments. The easy colonisation of the weathered granites usually used in those buildings and the humid climatic conditions of the region largely explain the interest in having a chapter dedicated to this aspect within the

14

broad spectrum of stone conservation. The chapter includes a summary of the main types of colonising agents and describes the processes they use when interacting with stone substrates. With the aim of addressing the wide range of susceptibility of granites to colonization, a procedure is presented to determine the bioreceptivity potential of stones, in particular Galician granites.

The text is written in a language style accessible to non-specialist readers and is particularly suitable for students and beginners in the field of stone conservation. It covers a wide range of topics, from the different types of stone materials to the main mechanisms of deterioration that they suffer when exposed to environmental conditions, with special emphasis on granite, the predominant and almost exclusive construction material in monuments in Galicia.

The book is a repository of information that helps the reader understand what materials monuments are made of and what their main problems are, meaning it is an important aid to readers involved in diagnosis as a first step towards undertaking conservation interventions. The 6 chapters are short on tools and knowledge to select and implement conservation actions for real conservation problems, but fate and a cruel and inexorable disease prevented Benita Silva from fulfilling this objective. We can easily understand how she felt when she realised that this objective had to be left behind.

Lisbon, December 2023

José Delgado Rodrigues

PS: Beni, foi um prazer conhecer-te e foi um privilégio poder ter-te como colaboradora e como amiga. Partiste cedo demais e deixaste muitas saudades entre nós. Descansa em paz, querida amiga; José.

Capítulo 01
Generalidades de las rocas usadas en monumentos

La piedra: generalidades. Clasificación de las rocas en función de su génesis, textura y composición química. Piedras más utilizadas en el patrimonio monumental construido.

La piedra es el material de construcción por excelencia en la arquitectura tradicional. El hombre utilizó la piedra siempre que le fue posible y sin duda fue el material preferido para aquellas construcciones que se erigieron con vocación de eternidad: templos, palacios, monumentos funerarios o de homenaje. Es bien cierto que en algunos lugares del Planeta se conservan monumentos grandiosos hechos con otros materiales tales como ladrillo, adobe, tierra, etc. pero no cabe duda de que la mayor parte de los grandes monumentos del patrimonio mundial y, en particular, del patrimonio europeo fueron construidos con diferentes variedades de rocas.

El término **Piedra**, en el ámbito de las Ciencias de la Tierra (Geología, Sedimentología, Edafología, etc.), hace referencia a una clase de tamaño de los fragmentos sueltos superficiales[1], concretamente a un fragmento rocoso de dimensiones entre 6 y 20 cm. Sin embargo, en el lenguaje común se utiliza la palabra piedra para designar a un material rocoso utilizado en edificación. Así pues, se puede decir que, en el ámbito de los materiales de construcción, el nombre de piedra natural o simplemente piedra se aplica a las rocas una vez que han sido extraídas de sus canteras o yacimientos naturales para ser usadas como materiales constructivos.

El término **Roca** hace referencia a un material sólido, natural, coherente y multigranular que constituye una parte importante de la corteza terrestre y que está compuesto por uno o más minerales (Figura 1.1), siendo un **Mineral** un compuesto o elemento químico, sólido, homogéneo, inorgánico, natural, estable en las condiciones ambientales normales en la superficie de la Tierra, cuya composición química se puede

---

1 FAO. (2009). Guía para la descripción de suelos - Cuarta edición. Organización de las naciones unidas para la agricultura y la alimentación. Roma, 2009. ISBN. 978-92-5-305521-0.

expresar por una fórmula y que se caracteriza por tener un ordenamiento interno tridimensional, es decir estructura cristalina.

Figura 1.1. La imagen superior es una macrografía de un granito tomada con lupa binocular en donde se señalan los minerales que lo constituyen: P: plagioclasa; Q: cuarzo; FK: feldespato potásico; M: micas. La imagen inferior es una micrografía del mismo granito tomada a mayores aumentos con microscopio óptico petrográfico (nicoles cruzados), en la que se señalan los diferentes minerales con sus colores y texturas características bajo este microscopio.

A pesar de que el número de minerales existentes es grande y se agrupan en 8 clases en función de sus aniones o complejos aniónicos (Figura 1.2), los principales minerales formadores de rocas pertenecen mayoritariamente a la clase silicatos ya que aproximadamente el 90% de la corteza terrestre está compuesta por minerales de este grupo. En los silicatos, el componente básico es el anión complejo SiO_4^{4-} que tiene la capacidad de unirse con otros iones dando lugar a las diferentes subclases: nesosilicatos, sorosilicatos, ciclosilicatos, inosilicatos, filosilicatos y tectosilicatos entre los que cabe citar, entre otros, el olivino, la epidota, el berilo, el anfíbol, la caolinita y el cuarzo, respectivamente.

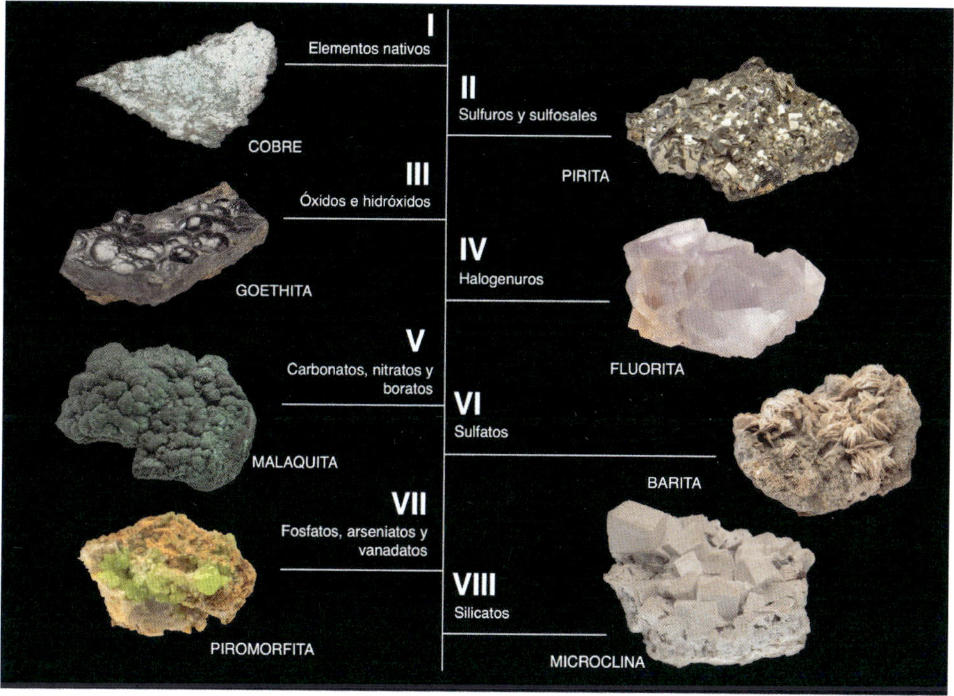

Figura 1.2. Las ocho clases de minerales según Dana (1813-1895). Ejemplares pertenecientes a la colección Manuel de Sas de la Encina de la Escuela de Ingeniería de Minas y Energía, Universidad de Vigo.

En las otras clases minerales se engloban los minerales no silicatados, los cuales constituyen aproximadamente un 8% de la corteza terrestre, aunque no por ello son menos importantes, ya que algunos de ellos como la calcita (clase carbonatos) y yeso (clase sulfatos) forman parte, en cantidades considerables, de las rocas sedimentarias; otros, como por ejemplo la silvina (clase haluros) y el oro (clase elementos nativos), tienen un alto interés económico por su uso en la fabricación de fertilizantes y en joyería y fabricación de componentes tecnológicos, respectivamente.

Las rocas, puesto que son agregados naturales de diferentes minerales, son materiales heterogéneos; así, dentro de un mismo afloramiento o de una misma cantera existen diferencias más o menos acusadas en coloración, tamaño de grano o presencia de determinados rasgos. Consiguientemente, esta variabilidad también se refleja en las edificaciones. Este es un hecho que hay que tener en cuenta a la hora de elegir una roca para un determinado uso, pero esta variabilidad supone precisamente un valor añadido de los materiales rocosos: cada losa o pieza de piedra es única e irrepetible y es el producto de un largo proceso que ha durado miles o millones de años (Figura 1.3).

Figura 1.3. Edificio Museo Centro Gaiás en la Ciudad de la Cultura (Santiago de Compostela) en el que se observa el valor añadido que supone la gran heterogeneidad de cuarcitas empleadas. Junio 2023.

En este libro se van a tratar las características de las rocas más relevantes desde el punto de vista de su utilización como material constructivo, sin entrar en otros aspectos genéticos, geoquímicos o tectónicos para los que existe numerosa bibliografía especializada. No obstante, a modo de introducción se van a dar unas nociones acerca de su composición y origen puesto que son imprescindibles para comprender algunas propiedades de las rocas (como por ejemplo su textura, densidad o alterabilidad) e incluso para interpretar su nomenclatura y entender las descripciones petrográficas.

Clasificación de las rocas

Clasificación según la génesis

Existen diferentes criterios para clasificar las rocas. El más usual, y probablemente el más didáctico, tiene en cuenta su **proceso de formación**, dividiendo las rocas en tres tipos principales: ígneas, sedimentarias y metamórficas. Para explicar estas tipologías nos vamos a basar en el ciclo de las rocas que abarca los diferentes procesos de la dinámica interna y dinámica externa de nuestro planeta (Figura 1.4).

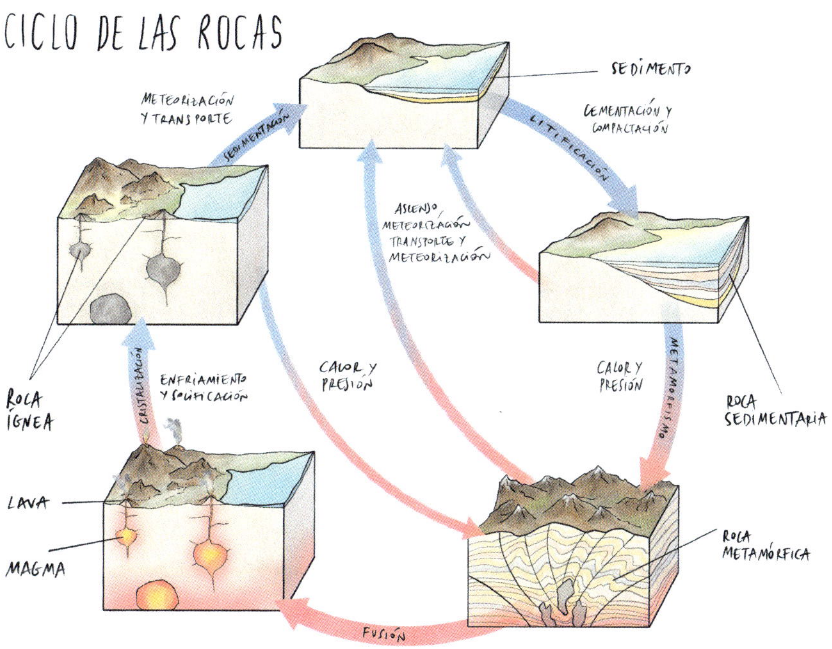

Figura 1.4. Ciclo de las rocas en el que se señalan los procesos internos y externos que conducen a la formación y transformación de unas rocas en otras. Ilustración de Clara Cerviño.

Las rocas constituyen las capas sólidas de la Tierra: la corteza, el manto y probablemente parte del núcleo que se considera formado por un material muy denso rico en hierro, aunque sobre la naturaleza y composición de las zonas más profundas del planeta aún hay muchas incógnitas. Considerando únicamente la litosfera (del griego *lithos* que significa roca), que comprende la corteza y la parte superior rígida del manto, hoy día se sabe que los materiales rocosos que la constituyen derivan de un ciclo: unas rocas se van transformando paulatinamente en otras y esto sucede de manera cíclica en diferentes compartimentos de la litosfera.

Para el estudio del ciclo de las rocas se puede partir de cualquier punto, pero de forma intuitiva parece lógico comenzar por los magmas. Estos son una mezcla de silicatos fundidos que se forman generalmente en zonas profundas de la litosfera cuando se da una serie de circunstancias. Obviamente es necesaria una temperatura elevada pues las rocas ricas en sílice, denominadas ácidas, funden a partir de 750 ºC, pero las más básicas necesitan temperaturas superiores a 1000 ºC. La principal fuente de calor es el gradiente geotérmico (la temperatura aumenta 20-30 ºC cada km de profundidad). El calor adicional necesario para que ocurra la fusión se puede generar, entre otras causas, por la fricción producida cuando la litosfera subduce en los bordes de las placas tectónicas, por descomposición de elementos radiactivos o por el ascenso de material caliente procedente de zonas profundas del manto.

Sin embargo, la fusión de las rocas para la formación de magmas no solo está gobernada por la temperatura; si así fuera toda La Tierra sería líquida excepto la capa externa, y no es así. Otro factor implicado es la presión, que regula la temperatura de fusión. Un aumento de presión aumenta la temperatura de fusión y, de la misma manera, una disminución de la presión disminuye la temperatura a la cual funden las rocas. Así, en el movimiento de ascenso de las rocas del manto, debido a los procesos de convección, puede tener lugar su fusión, por disminución de la presión, originando magmas.

Además, la temperatura a la que funde una roca depende de la presencia en el sistema de componentes volátiles, principalmente agua, ya que esta disminuye el punto de fusión de las rocas facilitando la generación de magmas en las zonas en las que ocurre una adición de agua (subducción de corteza oceánica).

Las bolsas de magma tienden a ascender impulsadas por diversos mecanismos y en este recorrido se van enfriando paulatinamente. Los elementos químicos constituyentes se combinan para dar minerales que van cristalizando en un orden bien conocido (cristalización fraccionada). Las series de reacción de Bowen (Figura 1.5) describen las secuencias de cristalización de los minerales a partir de un magma en función de sus puntos de fusión. Así, en el proceso de enfriamiento del magma, el primer mineral en cristalizar es el olivino, seguido del piroxeno y la plagioclasa rica en calcio, y así sucesivamente, siguiendo el esquema, hasta los minerales con un punto de fusión más bajo: feldespato potásico, moscovita y cuarzo. Debe tenerse en cuenta que, hasta el completo enfriamiento del magma, los minerales que se van formando se transforman en otros por reacción química con el material todavía fundido. De este modo, por consolidación lenta y progresiva de un magma se forman las rocas ígneas plutónicas, las más abundantes en la corteza terrestre y cuya variada composición mineral deriva tanto de la composición química del magma inicial como del ambiente de cristalización

Puede ocurrir que el magma ascienda rápidamente y salga al exterior de forma brusca durante una erupción volcánica dando lugar a las rocas ígneas eruptivas **o volcánicas**. En este caso el enfriamiento rápido no permite que los átomos de los elementos químicos adquieran una estructura interna ordenada, únicamente los minerales que ya se habían formado a alta temperatura antes de la erupción son los que presentan estructura cristalina en estas rocas.

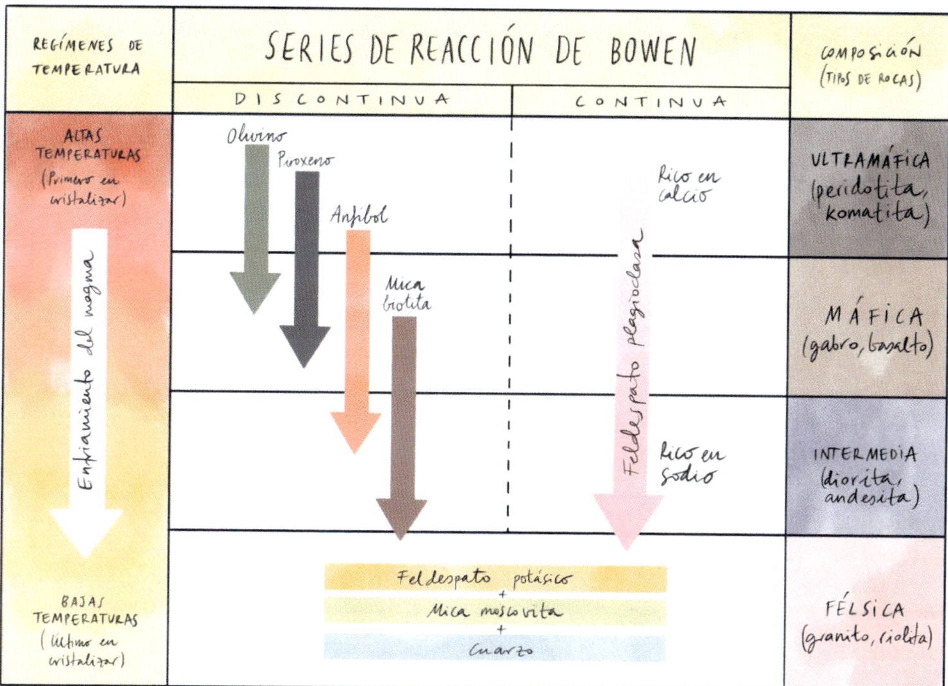

Figura 1.5. Series de reacción de Bowen. Describen la secuencia de cristalización de los minerales a partir de un magma en función de sus puntos de fusión. Ilustración de Clara Cerviño.

Además de las rocas plutónicas y volcánicas, hay un tercer tipo de rocas **magmáticas o ígneas** que se puede considerar intermedio entre los dos anteriores. Son las

rocas filonianas que se forman cuando una fracción del magma se introduce por una grieta o un plano de debilidad de la roca suprayacente donde se consolida dando lugar a filones o diques. Estas rocas son muy minoritarias en relación con el resto de las rocas ígneas y aunque su interés económico puede ser grande debido a que frecuentemente constituyen yacimientos de interés económico (suelen ser menas de metales), su importancia como materiales constructivos es escasa.

Una vez que las rocas afloran a la superficie y entran en contacto con las capas fluidas del planeta (hidrosfera, atmósfera) así como con los organismos vivos (biosfera), experimentan el proceso de meteorización (que se tratará en el Capítulo 4), consistente en una serie de reacciones físicas y químicas por las que los minerales constituyentes se transforman en otros más estables en las condiciones imperantes en la corteza terrestre. Algunos minerales se disuelven, otros se descomponen y dan lugar a la formación de arcillas, la roca va perdiendo su coherencia y se desintegra dando lugar a sedimentos sólidos o en disolución. Estos sedimentos son transportados por las aguas, los vientos, etc. y se van acumulando en cuencas. Posteriormente, sufren un proceso de diagénesis que los transforma en rocas, inicialmente por interacción con el agua y microorganismos y, finalmente, a medida que aumenta la presión, por compactación y cementación. Mediante este proceso, los sedimentos se litifican transformándose de nuevo en rocas denominadas **rocas sedimentarias**.

Tanto las rocas sedimentarias como las ígneas pueden experimentar un incremento de temperatura (por ejemplo, por la intrusión de magma) y un incremento de presión debido a su propio peso o a fuerzas tangenciales derivadas del movimiento de las placas litosféricas. Estos cambios en las variables termodinámicas del sistema hacen que los minerales dejen de ser estables y se transformen en otros más estables en las nuevas condiciones. Los cambios mineralógicos van acompañados de cambios texturales y estructurales de las rocas, pero no necesariamente de cambios químicos, aunque a veces ocurren cambios en la composición química media. Este proceso ocurre sin que exista fusión completa, debiendo permanecer la roca esencialmente en estado sólido ya que, en caso contrario, se trataría de un proceso de formación de roca ígnea. Así se forman las **rocas metamórficas**. En los casos en los que se alcanzan condiciones para que ocurra la fusión completa de las rocas (proceso de anatexia) se forman nuevos magmas, cerrando así el ciclo de las rocas.

Dentro de cada uno de estos tres grandes grupos de roca se diferencian varios **tipos según su génesis**:

Rocas ígneas o magmáticas (Figura 1.6):

Originadas por la solidificación de un magma al enfriarse. Se dividen en:

- **Intrusivas o plutónicas**: cuando el enfriamiento se produce de forma lenta a grandes profundidades en el interior de la corteza terrestre. Por ejemplo: granito, gabro, etc.

- **Extrusivas o volcánicas**: cuando el enfriamiento se produce bruscamente al salir el magma al exterior. Por ejemplo: basalto, riolita, etc.

- **Filonianas**: se forman cuando las fracciones más volátiles del magma salen a la superficie formando filones o diques. Por ejemplo: lamprófidos, pegmatitas, etc.

Figura 1.6. Rocas Ígneas. Ejemplares de la colección del Dpto. de Edafología y Química Agrícola de la Universidad de Santiago de Compostela.

Rocas sedimentarias (Figura 1.7):

Se forman por litificación de los productos de la meteorización, ya sea por compactación y/o cementación de fragmentos sólidos o por la precipitación de sustancias disueltas. También se incluyen aquí los carbones, formados por mineralización de restos orgánicos en condiciones anaeróbicas.

- **Rocas sedimentarias detríticas**: formadas a partir de fragmentos sólidos; según el tamaño de estos se dividen en:

    Conglomerados, formados por fragmentos tamaño grava y piedra (diámetro mayor de 2mm). Por ejemplo: pudingas y brechas.

    Psamitas o areniscas, formadas por arenas cementadas (partículas de diámetro comprendido entre 2 y 0,0625mm). Por ejemplo: grauwacas, arcosas y cuarcitas.

Pelitas y lutitas, son arcillas o limos compactados (partículas menores de 0,0625mm). Por ejemplo: caolinita y marga.

- **Rocas sedimentarias de precipitación química**: formadas a partir de la precipitación química de iones disueltos. Se clasifican según el compuesto mayoritario:

  Carbonatadas. Por ejemplo: calizas y dolomías. Son muy frecuentes las calizas biogénicas o bioclásticas formadas por restos de conchas cementadas.

  Salinas o evaporitas. Por ejemplo: yeso. Formadas por precipitación directa de sales.

  Fosfatadas. Por ejemplo: fosforita.

  Otros tipos. Rocas ferruginosas, silíceas como el sílex y ópalo, etc.

- **Rocas sedimentarias de origen orgánico:** Son los carbones: turba, lignito, hulla y antracita.

Figura 1.7. Rocas sedimentarias. Ejemplares de la colección del Dpto. de Edafología y Química Agrícola de la Universidad de Santiago de Compostela.

Rocas metamórficas (Figura 1.8):

Se forman a partir de las rocas ígneas, sedimentarias (o incluso metamórficas) cuando sufren un proceso de metamorfismo que consiste, fundamentalmente, en un incremento de presión y temperatura. Esto da lugar a la desaparición de algunos minerales y a la formación de otros nuevos que son estables en las nuevas condiciones y también a la aparición de rasgos texturales y de estructuras características.

Una clasificación rigurosa de las rocas metamórficas se realiza en función de los minerales que se forman durante el proceso de metamorfismo (minerales índice o facies), pero comúnmente se reconocen y se designan por las estructuras que presentan que, en términos generales, se corresponden bastante bien con el grado de metamorfismo.

Ejemplos de rocas metamórficas comunes son: pizarras, esquistos, neises y mármoles.

Figura 1.8. Rocas metamórficas. Ejemplares de la colección del Dpto. de Edafología y Química Agrícola de la Universidad de Santiago de Compostela.

Clasificación según la textura

Las rocas pueden ser clasificadas, además, según su **textura**. La palabra textura presenta diferentes acepciones según la disciplina en la que se use. Cuando se habla de la textura de un tejido, de una madera, etc., este término se refiere a la disposición de los hilos o las fibras y se asocia con aspereza o suavidad, etc., es decir a propiedades que se perciben con el tacto. En la ciencia del suelo textura se define como la expresión sintética de la granulometría, esto es la proporción relativa de partículas de diferentes tamaños que lo constituyen. En petrología, **la textura de una roca** se define como el modelo de agregación de sus componentes minerales, incluyendo el tamaño y forma de los granos o fragmentos minerales y su distribución espacial, unos con respecto a otros y con respecto a los espacios huecos que quedan entre ellos. No se debe confundir este término con **estructura de una roca** ya que este último se refiere a una serie de rasgos macroscópicos que puede presentar una roca derivados de su proceso de formación o de fenómenos que ha sufrido posteriormente a su formación. Por ejemplo: estructuras bandeadas, foliadas, estratificación cruzada, micropliegues, orientaciones de fluidez, gabarros, etc.

Así pues, la textura de una roca es la disposición tridimensional de sus componentes minerales y de sus huecos. Es una propiedad que depende en gran medida del proceso petrogenético. Así, las rocas ígneas plutónicas, formadas por enfriamiento lento y progresivo de un magma, se caracterizan porque sus minerales están bien cristalizados y perfectamente diferenciados unos de otros, con escasos huecos entre ellos, generalmente tipo fisura. Las rocas ígneas volcánicas, por el contrario, al haberse formado tras un enfriamiento brusco del magma, suelen presentar texturas en las que pueden aparecer unos minerales muy bien cristalizados (que ya estaban formados antes de la erupción) incluidos en una matriz formada por microcristales o incluso no cristalina (vidrio); con frecuencia los huecos son tipo vacuola. Las rocas sedimentarias presentan texturas muy variadas, suelen tener un cemento que agrega a los demás minerales o fragmentos rocosos y pueden ser muy porosas, con diferentes morfologías de poros. Las rocas metamórficas tienen texturas similares a las de las rocas ígneas, pero además frecuentemente presentan rasgos texturales y estructurales característicos indicativos de las fuerzas unidireccionales a las que estuvieron sometidas, como son alineaciones de minerales, orientación preferente de las fisuras (lo que conduce a una foliación), etc.

En resumen, la textura es el aspecto de una roca (Figura 1.9) y, además de ser determinante para la clasificación de rocas, es junto con el color una de las propiedades que determina su estética. Pero no solo es importante en cuanto a su carácter ornamental sino también en cuanto a sus características físico-mecánicas.

Figura 1.9. Aspecto macroscópico de rocas con diferentes texturas. Ejemplares de la colección del Dpto. de Edafología y Química Agrícola de la Universidad de Santiago de Compostela.

Hay varios criterios para describir la textura de una roca los cuales, además, varían de unos tipos rocosos a otros. De ahí que no sea fácil dar unas reglas sencillas para identificar las texturas.

- **Textura de las rocas ígneas**

Para las rocas ígneas los criterios son fundamentalmente dos: el grado de cristalinidad de los minerales y el tamaño de grano.

Según el grado de cristalinidad, estas rocas se dividen en (Figura 1.10):

Holohialinas: Más del 90% del volumen de roca es vidrio, esto es materia no cristalina, por haber solidificado de manera rápida.

Hipohialina o hipocristalina: compuestas en parte por vidrio y en parte por cristales, sin que ninguna de estas fracciones supere el 90% del volumen.

Holocristalinas: más del 90% del volumen de roca está constituido por materia cristalina.

Los dos primeros grupos corresponden típicamente a rocas volcánicas; se suele hablar también de texturas vítreas o vidrios volcánicos cuando toda la masa carece totalmente de cristalinidad. El tercer modelo textural suele corresponder a rocas plutónicas, pero también puede corresponder a rocas volcánicas dependiendo del grado de cristalinidad.

Figura 1.10. Textura de rocas ígneas según su grado de cristalinidad. Ejemplares de la colección del Dpto. de Edafología y Química Agrícola de la Universidad de Santiago de Compostela.

Según el tamaño de los cristales las rocas se agrupan en tres categorías principales (Figura 1.11):

Faneríticas: cuando los cristales se pueden distinguir a simple vista o con ayuda de una lupa.

Afaníticas: cuando para ver los cristales hay que recurrir al microscopio.

Porfídicas: diversos tamaños de grano, unos pueden ser muy grandes y otros microscópicos.

Hay dos tipos de textura propios de las rocas filonianas: **pegmatítica**, que se caracteriza por la presencia de cristales muy grandes en el centro del filón o dique, y **aplítica** con cristales muy pequeños y que suele aparecer en la zona de contacto con las paredes.

Por otra parte, hay términos texturales aplicables a los diferentes tipos y que precisan mejor el modelo de organización. Así, por ejemplo, las rocas plutónicas son todas ellas faneríticas holocristalinas, pero para definir su textura con mayor detalle se utilizan términos que describen el aspecto de los cristales. Según la perfección de la forma los cristales, éstos se califican en tres categorías: idiomorfos, hipidiomorfos o subidiomorfos y xenomorfos o alotriomorfos.

Figura 1.11. Textura de rocas ígneas según su tamaño de grano. Ejemplares de la colección del Dpto. de Edafología y Química Agrícola de la Universidad de Santiago de Compostela.

De este modo, los siguientes términos son aplicables a las rocas plutónicas y aluden a la perfección de los cristales de los minerales que las componen (Figura 1.12):

Panidiomórfica: cuando la mayoría de los cristales son idiomorfos es decir muy perfectos.

Hipidiomórfica: cuando todos los cristales son subidiomorfos o bien cuando coexistan cristales con diferente grado de perfección, lo cual es lo más común.

Alotriomórfica: cuando la mayoría de los granos minerales se presentan en formas cristalinas imperfectas.

Figura 1.12. Micrografías de rocas ígneas tomadas con microscopio óptico petrográfico (nicoles cruzados) para ilustrar la textura según la perfección de los granos minerales.

- ### Texturas de las rocas sedimentarias

Las rocas sedimentarias se caracterizan por dos tipos de textura (Figura 1.13):

Textura clástica: la presentan aquellas rocas constituidas por fragmentos o clastos de rocas o minerales y un material que los mantiene unidos; estas rocas se denominan detríticas. Este aglomerante se denomina matriz cuando es un material muy fino de composición fundamentalmente arcillosa, o cemento cuando se ha originado por precipitación química, en este caso suele ser carbonato cálcico o sílice amorfa. Cuando el cemento es carbonatado, se califica con el término micrita cuando está constituido por minúsculas partículas (menores de 5 micras) o esparita cuando está formado por cristales de mayor tamaño.

Muchas rocas detríticas están formadas por fragmentos o restos de organismos, tales como conchas o esqueletos de moluscos, crustáceos, gasterópodos, diatomeas, etc. En este caso se dice que tienen **textura bioclástica**.

En las texturas clásticas frecuentemente se añaden términos para precisar más la descripción como son el tamaño de los clastos y su grado de clasificación (distribución por tamaños), la morfología y el trabajado de los clastos (grado de redondez y esfericidad, etc.) y su empaquetamiento.

Textura cristalina, cuando la masa rocosa está constituida por un mosaico de cristales formados por precipitación química. Es propia de las rocas sedimentarias formadas a partir de disoluciones, como las evaporitas, entre las que se encuentran las calizas no detríticas.

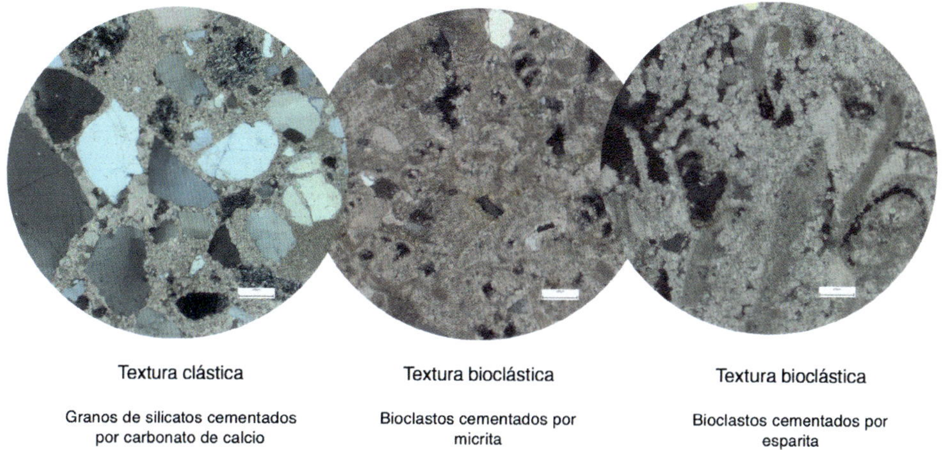

<table>
<tr><td align="center">Textura clástica</td><td align="center">Textura bioclástica</td><td align="center">Textura bioclástica</td></tr>
<tr><td align="center">Granos de silicatos cementados
por carbonato de calcio</td><td align="center">Bioclastos cementados por
micrita</td><td align="center">Bioclastos cementados por
esparita</td></tr>
</table>

Figura 1.13. Textura clástica y bioclástica de las rocas sedimentarias; micrografías tomadas con microscopio petrográfico (nicoles cruzados).

- **Textura de las rocas metamórficas**

Durante el proceso de metamorfismo se producen una serie de reacciones entre minerales, recristalizaciones, cambios de estructura cristalina, etc., lo que da lugar a la formación de nuevos minerales en equilibrio con las nuevas condiciones del sistema y todo ello sucede permaneciendo los materiales en estado esencialmente sólido, si bien puede haber interacciones con fluidos intersticiales. Estos cambios dan lugar a la aparición de unas texturas y estructuras características que permiten distinguir a las rocas metamórficas de las rocas originales que sufrieron el proceso (ígneas, sedimentarias o incluso metamórficas).

Los minerales que se forman por transformación de otros preexistentes en el protolito (es decir, la roca original que ha sufrido el proceso de metamorfismo) o por reacción de dos o más fases minerales se denominan blastos, de ahí que la textura básica de todas las rocas metamórficas se defina como cristaloblástica. Este modelo básico se divide en cuatro tipos (Figura 1.14):

Textura granoblástica: los minerales forman un mosaico de cristales más o menos equidimensionales. Las rocas más comunes que presentan esta textura son: cuarcitas, mármoles, eclogitas y corneanas.

Textura lepidoblástica: definida por minerales laminares homogéneamente orientados con los planos basales más o menos paralelos entre sí. Es una textura característica de pizarras, esquistos micáceos y algunos neises.

32

Textura nematoblástica: definida por minerales de hábito prismático o acicular que se orientan con sus ejes mayores aproximadamente paralelos entre sí. Las anfibolitas y algunos gneises presentan típicamente esta textura.

Textura porfidoblástica: definida por la presencia de cristales formados durante el metamorfismo que destacan por su mayor tamaño sobre el resto, que constituye la matriz. Es una textura que equivale a la porfídica de las rocas ígneas. La matriz puede tener cualquiera de las texturas descritas en los puntos anteriores.

Muchas rocas metamórficas presentan texturas complejas resultantes de la combinación de los cuatro tipos principales. Por otra parte, los términos afanítica y fanerítica que se definieron para las rocas ígneas también son aplicables a las metamórficas.

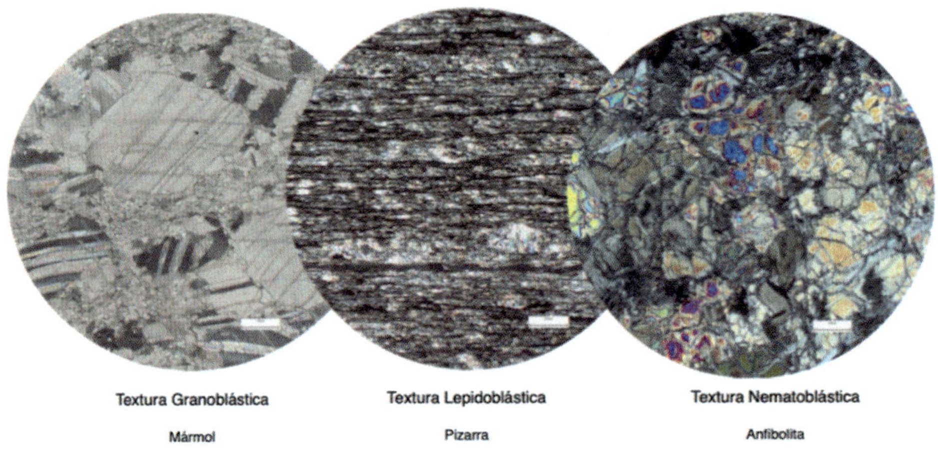

Figura 1.14. Micrografías de rocas metamórficas de diferente textura, tomadas al microscopio petrográfico (nícoles cruzados).

Además de estas texturas específicas, durante el metamorfismo se desarrollan unos rasgos estructurales que se superponen a las texturas y que frecuentemente se asimilan o se confunden con ellas, de modo que en muchos textos se denomina textura a lo que en rigor sería la estructura. Las estructuras son consecuencia de la presión a las que han estado sometidos los protolitos, sobre todo en el metamorfismo regional y en el dinamometamorfismo, que dan lugar a que los minerales se orienten y se alineen en una dirección perpendicular a la dirección de la fuerza.

Así **en función de su estructura** se establecen dos tipologías claras para las rocas metamórficas: rocas foliadas o esquistosas y rocas no foliadas o masivas (Figura 1.15).

Aquí de nuevo no hay un acuerdo general en la terminología pues hay autores que utilizan la palabra esquistosidad como sinónimo de foliación y sin embargo otros diferencian tres tipos de foliación: pizarrosidad, esquistosidad y bandeado neísico. Estos tres tipos dependen del grado de metamorfismo y de la composición de la roca original.

Pizarra
Pizarrosidad-fisilidad

Neis
Bandeado neísico

Serpentinita
Masiva

Figura 1.15. Algunas estructuras de rocas metamórficas; se muestran imágenes de muestra de mano de las rocas y micrografías tomadas con microscopio óptico petrográfico.

Como se ha visto, hay muchas clasificaciones para la textura y se utilizan numerosos nombres para identificar esta propiedad, pero restringiéndonos al mundo de la piedra como material constructivo, y simplificando mucho, pueden establecerse[2] dos modelos texturales principales:

---

2 Esbert y col. (1997). Manual de diagnosis y tratamiento de materiales pétreos y cerámicos, ed: Colegio de aparejadores y arquitectos técnicos de Barcelona, 139 p.

Texturas cristalinas o granudas. Las que presentan las rocas constituidas por minerales bien cristalizados, de formas más o menos poliédricas, que están en contacto directo, formando un mosaico. Son propias de rocas ígneas y metamórficas. Ej. granito, mármol, esquisto.

Texturas cementadas o clásticas. Las que presentan las rocas formadas por granos o fragmentos minerales unidos por una fase aglomerante; esta puede ser material cristalino precipitado (cemento) o material fino depositado (matriz). Poseen estas texturas la mayoría de las rocas sedimentarias, tales como calizas y areniscas.

La división de las rocas en estas dos categorías, aunque muy simplista, tiene utilidad porque refleja otra característica fundamental de las rocas que es su modelo de huecos. Las rocas cristalinas son poco porosas con huecos predominantemente planares, es decir tipo fisura o grieta. Las rocas cementadas pueden tener una elevada proporción de huecos de tamaños y formas variadas: tipo vacuola, canal, etc. a veces con una escasa conexión entre ellos.

Clasificación en función de la composición química

Las rocas se caracterizan por poseer una composición química global, resultante de la composición de los minerales constituyentes. Por tanto, la composición química y composición mineralógica están interrelacionadas de modo que se infiere una de la otra y, salvo casos especiales, es la segunda la que tiene mayor interés para caracterizar las rocas desde el punto de vista de su utilización en construcción.

Un análisis químico preciso no suele ser necesario para caracterizar las rocas como materiales constructivos. A veces interesa analizar, más que su composición química general, la presencia de ciertos elementos químicos minoritarios que pueden servir para identificar su procedencia geológica (por ejemplo, en el caso de rocas ígneas, elementos del grupo de las tierras raras para localizar la cantera de origen) o para interpretar algunos aspectos específicos como su coloración o alteraciones particulares. Por otro lado, la alterabilidad depende de la mineralogía y, en este sentido, la presencia de determinados minerales, aunque sea en una proporción mínima (sales, óxidos o sulfuros de hierro, minerales arcillosos, etc.) puede ser determinante en el comportamiento de una roca.

En la Tabla 1.1 se muestra la composición química global de la corteza terrestre. El elemento más abundante de la corteza terrestre es el oxígeno, seguido a mucha distancia por el silicio. A continuación, ya en porcentajes mucho menores, se sitúan el aluminio, hierro, y otros metales. Es lógico, por tanto, que los minerales mayoritarios sean los silicatos, que constituyen las rocas denominadas silíceas como son la inmensa mayoría de las ígneas y metamórficas. Los más comunes son los feldespatos y el cuarzo que se encuentran presentes en casi todos los tipos rocosos. Así pues, las rocas que constituyen la litosfera son mayoritariamente silíceas.

Óxido de elemento químico	Corteza oceánica (1)	Corteza continental (2)	Corteza continental (3)
SiO_2	47,8	63,3	58,0
TiO_2	0,59	0,6	0,8
Al_2O_3	12,1	16,0	18,0
FeO	9	3,5	7,5
MgO	17,8	2,2	3,5
CaO	11,2	4,1	7,5
Na_2O	1,31	3,7	3,5
K_2O	0,03	2,9	1,5

Tabla 1.1. Composición química (expresada en % de óxido del elemento químico) de la corteza oceánica y de la corteza continental según diversas fuentes:
(1) Elthon, D. (1990) The petrogenesis of primary mid-ocean ridge basalts. Rev. Aquatic Sci., 2, 27–53; (2) Condie, K. C. (1982) Plate Tectonics and Crustal Evolution, 2nd ed., Pergamon, New York, 3 10 pp.; (3) Taylor, S. R. and McLennan, S. M. (1985) The Continental Crust: Its Composition and Evolution. Oxford: Blackwell, 312 pp.

Sin embargo, si se hace un inventario de rocas usadas en construcción se encuentran sobre todo rocas sedimentarias. Las rocas sedimentarías tiene composición química y mineralógica muy diversa puesto que ambas propiedades dependen de los sedimentos a partir de los cuales se han formado. Muchas de ellas poseen carbonatos (fundamentalmente calcita) bien formando parte de los clastos, especialmente en el caso de las calizas biogénicas, bien formando parte de la fase cementante.

Por lo tanto, en función de su composición química, que tiene correspondencia directa con una determinada composición mineralógica, las rocas se pueden dividir en dos tipos principales:

Rocas silíceas. Sus componentes esenciales son Si y O, con cantidades menores y variables de Al, Fe, Ca, Mg, Na y K. Estos elementos son los constituyentes de los silicatos de los cuales los más comunes son cuarzo, feldespatos y micas. Dentro de este grupo las rocas más conocidas usadas en patrimonio cultural son el granito, la arenisca y la pizarra.

Rocas carbonatadas. Constituidas por C, O, Ca y a veces Mg, sin ningún otro elemento en proporciones significativas. Con esta composición química los minerales esenciales son carbonatos (principalmente calcita). Las rocas más importantes de este grupo usadas en patrimonio cultural son calizas, dolomías y mármoles.

No es sorprendente que en el mundo de las rocas ornamentales éstas se dividan en dos tipos: granitos y mármoles. Esta clasificación es evidentemente incorrecta y excesivamente simplista pero popularmente se utiliza, incluso entre los industriales y comercializadores de rocas ornamentales.

Principales rocas utilizadas en monumentos

Se describen a continuación brevemente las más empleadas en construcción.

Calizas

Son rocas sedimentarias de precipitación química formadas mayoritariamente por carbonato cálcico (calcita), aunque suelen tener cantidades menores de otros minerales: cuarzo, filosilicatos, óxidos de hierro, etc. Estos últimos le confieren aspectos y colores variados. Con mucha frecuencia las calizas resultan del depósito de restos de conchas y caparazones de animales cementados por el carbonato cálcico que se disuelve y reprecipita entre ellos; estas son las calizas fosilíferas o bioclásticas, de origen biológico.

Es una roca relativamente blanda (dureza 3 en la escala de Mohs, en la cual al talco, el mineral más blando, se le asigna una dureza 1 y al diamante, el más duro, una dureza de 10) y por eso ha sido muy utilizada en elementos esculpidos. Probablemente es una de las rocas más usadas en el patrimonio monumental construido, al menos en Europa. Sirva como ejemplos, la caliza de Hontoria, roca mayoritaria en la catedral de Burgos, el travertino, roca ampliamente empleada en los monumentos de la ciudad de Roma (Figura 1.16), o la caliza Lioz, muy usada en Portugal que, debido a su baja porosidad, es usada también en pavimentación tradicional.

Figura 1.16. Travertino empleado en el Coliseo romano (Cortesía de C. Genona).

Dolomías

De características parecidas a las calizas, ya que se trata también de rocas carbona-tadas, están compuestas mayoritariamente por el mineral *dolomita* (carbonato cál-cico-magnésico) aunque también presentan en su composición calcita (carbonato cálcico). La mayoría de las dolomías se forman en ambientes ricos en magnesio por la dolomitización de la caliza a través de un proceso de reemplazamiento de parte del calcio de la caliza por magnesio.

Suelen ser más duras que las calizas (dureza 3,5-4), pero aun así de fácil talla, y menos solubles y reactivas a los ácidos.

Un ejemplo es la dolomía de Boñar, uno de los materiales de construcción de la Catedral de León (Figura 1.17).

Figura 1.17. Piedra caliza en la Catedral de León (cortesía de S.Pozo).

Mármoles

Son quizás las rocas ornamentales más apreciadas en la arquitectura tradicional y las preferidas para las edificaciones que destacan por su importancia para la sociedad por ser considerada una piedra de aspecto elegante y austero. Son rocas metamórficas resultantes del metamorfismo de calizas y dolomías. Tienen, por tanto, una composición química y mineralógica similar a las calizas, siendo el componente mayoritario la calcita, pero sus propiedades físicas y su comportamiento en construcción son muy diferentes: baja porosidad, alta resistencia mecánica, mayor dureza y coherencia y menor alterabilidad que las calizas.

Este tipo de roca se han empleado en numerosos monumentos grandiosos como la acrópolis de Atenas (Figura 1.18a), la Catedral de Milán, y el Monasterio de Los Jerónimos en Lisboa, entre otros.

En España, son muy conocidos los mármoles de Máchale (Almería) de los que una variedad muy blanca y cristalina de aspecto sacaroideo fue preferida para monumentos funerarios. Ejemplos de bienes patrimoniales en los que se ha empleado este mármol son la Alambra (fuente y patio de los Leones) y el Generalife. En Galicia, los escasos afloramientos corresponden a calizas que sufrieron metamorfismo, siendo un ejemplo de su uso como material de construcción la iglesia de San Nicolás de Portomarín (Figura 1.18b).

Figura 1.18. Edificaciones en las que se ha empleado mármol como material de construcción: a) El Erecteón de la Acrópolis Atenas y b) la Iglesia de San Nicolás de Portomarín (Galicia).

Areniscas

Son rocas sedimentarias detríticas formadas por arenas compactadas por un material fino (cemento o matriz). Son muy frecuentes las areniscas carbonatadas en las que el carbonato cálcico cementa los granos de arena, que pueden ser calcáreos o silíceos. Hay otras areniscas en las que las arenas (esqueleto) están englobadas en una matriz arcillosa, estas suelen ser menos resistentes.

La arenisca de Villamayor es un ejemplo de este tipo de rocas usadas en el patrimonio monumental pues es la piedra típica de Salamanca (Figura 1.19). Está constituida por granos de cuarzo, feldespato, micas y otros minerales accesorios (granate, turmalina, óxidos de hierro, etc.) englobados en una matriz arcillosa de illita, paligorsquita, esmectita y clorita; algunas de estas son arcillas hinchables, de ahí los grandes problemas de deterioro que presenta esta roca.

Otro ejemplo es la arenisca de Pamplona: arenisca calcárea con cemento calcáreo y a veces calcáreo-arcilloso.

Figura 1.19. uso de la arenisca de Villamayor como material constructivo: Iglesia de San Benito en Salamanca, y detalle de la sillería.

Pizarras, filitas, esquistos y cuarcitas

Son rocas metamórficas, de naturaleza silícea, muy ricas en micas y que se caracterizan por ser foliadas.

Las pizarras contienen granos minerales muy finos y son las que presentan menor grado de metamorfismo. Su coloración varía dependiendo de sus constituyentes minerales; así las pizarras negras contienen materia orgánica, las rojas óxidos de hierro y las verdes clorita.

Las filitas, muy parecidas a las pizarras, contienen granos minerales finos y se corresponden con un grado intermedio de metamorfismo. Se pueden distinguir de las pizarras por presentar un brillo satinado y superficie ondulada.

40 Los esquistos contienen granos de tamaño medio a grueso y se forman por un metamorfismo de alto grado. En su composición predominan los minerales micáceos, pero también pueden contener cantidades menores de cuarzo y feldespato.

La propiedad de foliación hace que estas rocas rompan a lo largo de las superficies planares en forma de lajas y por ello fueron siempre muy usadas para techados y fábricas de cachotería como en las murallas y construcciones del Castro de Viladonga (Figura 1.20a) o en gran parte de la arquitectura urbana de ciudades cercanas a afloramientos de rocas esquistosas, como por ejemplo en Santiago de Compostela (Figura 1.20b y 1.20c).

Al extremo de esta serie metamórfica, se encuentra el gneis que, al igual que las otras rocas, muestra una esquistosidad marcada que permite la extracción de grandes losas por lo que ha sido muy empleada en la construcción de megalitos. Este es el caso de los dólmenes Arca da Piosa, Casa dos Mouros, Pedra da Arca y Pedra Cuberta, localizados en la Costa da Morte en Galicia[3], y Dolmen de Candeán y Dolmen do Meixoeiro (Figura 21), localizados en las Rías Baixas.

Las cuarcitas son rocas metamórficas formadas a partir de una arenisca silícea pura; son muy duras y resistentes. Esta dureza determina su resistencia al corte, lo que en muchos casos condiciona su empleo, siendo empleadas mayoritariamente para mampostería ya que no se pueden labrar.

Figura 1.20. Esquistos empleados como mampostería en el Castro de Viladonga (a) y en la ciudad de Santiago de Compostela: Antiguo Hospital (b) y muro en plaza de S. Martiño (c).

3 Silva y col (2010). O megalitismo da Costa da Morte: materiais construtivos e procesos de alteración. Monografías, 4. Museo de Prehistoria e Arqueoloxía de Vilalba, Vilalba (Lugo). pp.: 21-30.

Figura 1.21. Dolmen do Meixoeiro, localizado en Alto de San Cosme (ayuntamiento de Mos, provincia de Pontevedra), construido con dos rocas metamórficas: un gneis de biotita y un paragneis con plagioclasa y biotita.

Brechas y pudingas (conglomerados)

Son rocas sedimentarias detríticas formadas por fragmentos tamaño grava o piedra englobados en una matriz fina, denominándose brechas aquellas en las que los fragmentos de grava son angulosos y pudingas cuando estos son redondeados. Las que están metamorfizadas son más duras y coherentes.

Algunas de estas rocas son muy vistosas y por eso fueron usadas tradicionalmente como rocas ornamentales. Como curiosidad, en la Figura 1.22 se puede ver uno de los pináculos de la Catedral de Santiago de Compostela, construido con diferentes rocas, siendo una de ellas un conglomerado.

Figura 1.22. Pináculo en la Catedral de Santiago de Compostela en el que se aprecia el uso de diferentes rocas: granito, mármol y conglomerado.

Capítulo 02

Litología de Galicia y su representación en el patrimonio cultural

Litología de Galicia. Rocas metamórficas. Rocas plutónicas: básicas y ultrabásicas y ácidas. Clasificación de las rocas graníticas gallegas.

Litología de Galicia

La historia geológica de Galicia es muy larga y compleja. En su territorio afloran rocas muy antiguas del Precámbrico (más de 541 millones de años a.p. Figura 2.1) y de la era Paleozoica (541-252 M.a.), y materiales recientes, del Cenozoico.

Las rocas del Precámbrico que afloran en Galicia son las más antiguas de la Península Ibérica, y se formaron a partir de sedimentos acumulados en un océano primitivo. Estas rocas junto con las formadas en la era Paleozoica (541-252 M.a.) constituyen los materiales más abundantes en Galicia y pertenecen a la parte más occidental del Macizo Hespérico o Varisco, orógeno que constituye el sustrato geológico del oeste y centro de la Península Ibérica y que constituye el mejor registro existente de la manifestación de la Orogenia Hercínica o Varisca (Figura 2.2); esta orogenia fue un acontecimiento tectónico que tuvo una duración aproximada de 100 millones de años (entre finales del Devónico, hace unos 380 millones de años, y mediados del Pérmico, hace 280 millones de años) y durante el cual afloraron la gran mayoría de los materiales que conforman el sustrato geológico actual.

En la parte emergida de Galicia no hay materiales mesozoicos (252-66 Ma) que, sin embargo, sí existen en la plataforma continental. Los períodos Paleógeno y Neógeno (de 66 a 23 Ma, antes considerados como período Terciario) están representados en el sustrato geológico gallego (Figura 2.3) en pequeñas cuencas de depósitos de arenas y arcillas (Lendo, Xanceda, Visantoña, Pedroso y Buño, en la provincia de A Coruña; Monforte de Lemos y Sarria, en la provincia de Lugo; Río Louro, en la provincia de Pontevedra y la cuenca de Maceda en la provincia de Ourense), resaltando los lignitos de las cuencas de As Pontes de García Rodríguez y de Cerceda, en A Coruña).

Finalmente, el período Cuaternario está representado en las cuencas fluviales recientes y depósitos de ladera y costeros (Figura 2.3).

44

EÓN	ERA	SISTEMA	SERIE	Ma	P.O.
FANEROZOICO	CENOZOICO	IV°	HOLOCENO	0.01	NEOALPINO
			PLEISTOCENO	1.8	
		NEÓGENO	PLIOCENO	3.4; 5.3	MESOALPINO
			MIOCENO	6.5; 11; 11.5; 16; 20; 23.5	
		PALEÓGENO	OLIGOCENO	28; 34	PALEOALPINO
			EOCENO	37; 40; 46; 53	
			PALEOCENO	59; 65	
	MESOZOICO	CRETÁCICO	SUPERIOR (SENONENSE)	72; 83; 87; 88; 91; 96; 108	AÚSTRICO
			INFERIOR (NEOCOMIENSE)	114; 116; 127; 130; 135	
		JURÁSICO	Superior — MALM	141; 146; 154	KIMÉRICO
			Medio — DOGGER	160; 167; 176; 180	
			Inferior — LÍAS	187; 194; 201; 205	
		TRIÁSICO	SUPERIOR	230; 280	
			MEDIO	285	
			INFERIOR	245; 250	TARDIHERCÍNICO
	PALEOZOICO	PÉRMICO (ZECHSTEIN)	LOPINGIENSE	258	
			GUADALUPIENSE	264	
		(ROTLIEGENDES)	CISURALIENSE	272; 280; 290; 300	

EÓN	ERA	SISTEMA	SERIE	Ma	P.O.
FANEROZOICO	PALEOZOICO	CARBONÍFERO	SILÉSICO	300; 305; 315; 325	HERCÍNICO o VARISCO
			DINANTIENSE	350; 360	
		DEVÓNICO	SUPERIOR	365; 375	
			MEDIO	380; 385	
			INFERIOR	390; 410	
		SILÚRICO	PRIDOLI	415	NEOCALEDÓNICO
			LUDLOW	425	
			WENLOCK	430	
			LLANDOVERY	435	
		ORDOVÍCICO	SUP: ASHGILL	445	CALEDÓNICO
			SUP: CARADOC	455	
			MED: LLANVIRN	470	
			INF: ARENIG	485	
			INF: TREMADOC	500	
		CÁMBRICO	SUPERIOR		
			MEDIO		
			INFERIOR	530	
		VÉNDICO	EDIACARIENSE	540; 570	PANAFRICANO
			VARANGERIENSE	650	
PROTEROZOICO	SUPERIOR		RIFEENSE	800; 1000	"Proterozoico"
	MEDIO			1600	
	INFERIOR			2500	
ARCAICO				4550	

Figura 2.1. Tabla cronoestratigráfica con indicación de los eones, eras, sistemas y series y de los eventos orogénicos más relevantes. Basada en la Tabla Cronoestratigráfica Internacional editada por la Comisión Internacional de Estratigrafía de la Unión Internacional de Ciencias Geológicas. M.A.: millones de años; P.O.: período orogénico. Ilustración de Clara Cerviño.

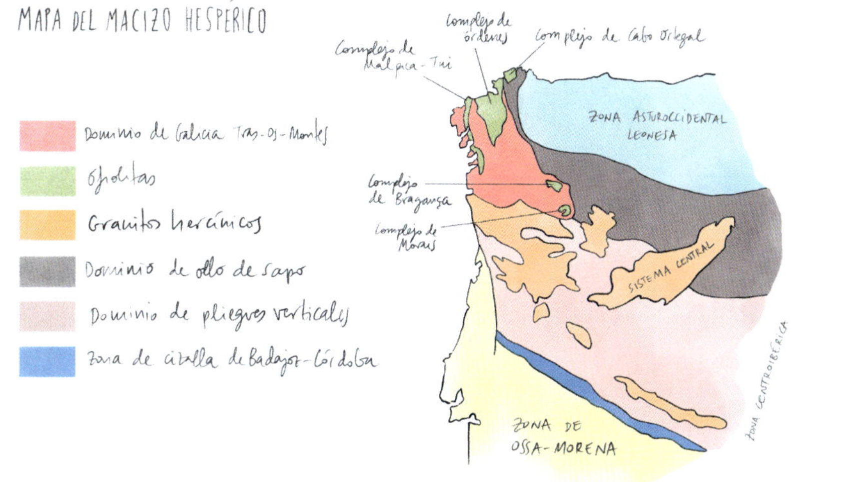

Figura 2.2. Principales dominios o zonas que caracterizan el orógeno Varisco en el NW de la península Ibérica. Adaptado de Meléndez Hevia I. (2004). Geología de España. Una historia de seiscientos millones de años. Editorial Rueda S.L. ISBN: 84-7207-144-8. Ilustración de Clara Cerviño.

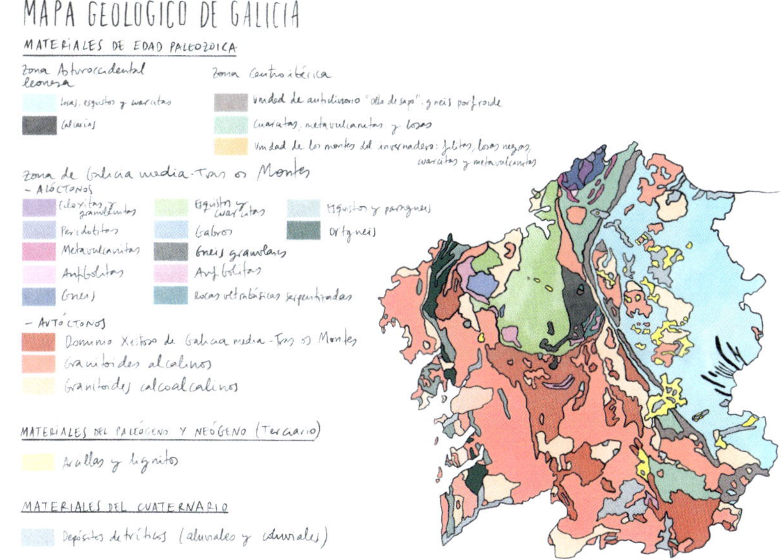

Figura 2.3. Mapa geológico de Galicia, con la relación de los materiales rocosos más relevantes agrupados por su edad. Se indican para los materiales más antiguos, los materiales que conforman tres de las zonas que definen el orógeno Varisco. Ilustración de Clara Cerviño.

De las seis zonas que definen el orógeno Varisco o Hercínico en la Península Ibérica (Figura 2.2), tres están representadas en Galicia (Figura 2.3): la Zona *Asturoccidental Leonesa*, la Zona *Centroibérica* y la Zona *Galicia-Tras os Montes* [4,5]. La Zona *Asturoccidental Leonesa* es la zona más oriental y está constituida por pizarras, areniscas metamorfizadas y cuarcitas incluidas en tres Dominios o Unidades diferenciadas: *Manto de Mondoñedo, Navia-Sil* y *Caurel-Truchas*. La Zona *Centroibérica* representa la parte central del orógeno, en la cual el metamorfismo fue muy intenso; el Dominio o Unidad más representativa de esta zona es la denominada *Unidad Ollo de Sapo*, una de las unidades más antiguas. Finalmente, la Zona *Galicia-Tras os Montes* está constituida por dos unidades diferenciadas: el denominado *Dominio Esquistoso*, un conjunto de rocas metamórficas (fundamentalmente esquistos y paragneises) formadas a partir de sedimentos depositados localmente en épocas muy antiguas (Precámbrico) y el denominado *Dominio de rocas máficas y ultramáficas* en el que se distinguen tres complejos o unidades de rocas que en la cartografía se diferencian muy claramente por su orientación NW-SE: 1) el *Complejo de Órdenes*, formado por esquistos, pizarras, gneises y rocas básicas ígneas (gabros) y ultrabásicas metamórficas (serpentinitas); 2) el *Complejo de Cabo Ortegal*, formado por rocas básicas de tipo eclogita y peridotita, así como anfibolitas y gneises, y 3) la *Unidad Malpica-Tui*, que engloba esquistos, paragneises y ortogneises así como anfibolitas. Afectando a las Zonas *Centroibérica* y *Galicia-Tras os Montes*, tuvieron lugar abundantes intrusiones de masas graníticas contemporáneas a la Orogenia Hercínica y que conforman en la actualidad los dos grandes grupos de granitos y rocas afines: los granitos sincinemáticos (que se vieron afectados por alguna de las principales fases de la orogenia) y los granitos postcinemáticos, que afloran en macizos bien diferenciados y de manera dispersa por toda la cadena hercínica.

En lo que a la litología se refiere (*lithos*=piedra) y basándose en la clasificación petrogenética, se puede decir que, en Galicia, los dos tipos de rocas con mayor representación son las rocas ígneas o magmáticas y las rocas metamórficas; las rocas sedimentarias ocupan un porcentaje del sustrato geológico notablemente más bajo, alrededor del 4% [6,7].

En cuanto a las rocas ígneas, se puede decir que, casi en su totalidad, son plutónicas si bien hay que mencionar como una anécdota la brecha volcánica que aflora en

4 Julivert y col. (1972). Mapa tectónico de la Península Ibérica y Baleares. Instituto Geológico y Minero de España, Madrid.

5 Farias y col. (1987). Aportaciones al conocimiento de la litoestratigrafía y estructura de Galicia Central. Memórias da Facultade de Ciências. Universidade do Porto 1, 411-431.

6 Instituto Tecnológico y Geominero de España (I.T.G.E.) (1992). Rocas ornamentales de España. 2. Edición.

7 VV.AA. (1991). La Minería en Galicia. Dirección Xeral de Industria. Consellería de industria e Comercio.

Espasante (Lugo) [8,9]. La mayoría de las rocas plutónicas son rocas graníticas, que representan más de un tercio de la superficie de Galicia. También están representadas en una pequeña proporción rocas plutónicas máficas (o básicas) como el gabro, y ultramáficas (o ultrabásicas) como la peridotita.

En lo que se refiere a las rocas metamórficas, se encuentra en Galicia una gran variedad de tipologías que se corresponden con distintos grados de metamorfismo, desde pizarras, filitas, esquistos a gneises; además hay que mencionar las anfibolitas y serpentinitas resultantes del metamorfismo de rocas plutónicas básicas y las calizas y dolomías metamorfizadas que afloran al este de la comunidad autónoma, que constituyen la única y escasa representación de rocas carbonatadas en la región.

En la Tabla 2.1 se indican las principales unidades, dominios y series litológicas presentes en Galicia y su edad más probable consultada en diferentes fuentes científicas.

8 Instituto Geológico y Minero de España-IGME (1981). Mapa geológico de España E 1:50.000 Hoja 7.2. Cillero. Segunda Serie, primera edición. Servicio de Publicaciones del Ministerio de Industria y Energía.

9 Arenas y col. (2018). El Complejo de Cabo Ortegal: los terrenos alóctonos del NW de Iberia y los episodios iniciales del ensamblado de Pangea. Excursión 2018 de la Comisión de Petrología, Geoquímica y Geocronología de Rocas Ígneas y Metamórficas de la Sociedad Geológica de España.

Era	Período y Serie	Litología
Paleozoico	Precámbrico	Esquistos del Complejo de Ordes (Unidad Galicia Media-Tras os Montes) y pizarras de la Serie de Vilalba (Unidad del Manto de Mondoñedo, Zona Asturleonesa).
	Cámbrico inferior (540 Ma)	
	Cámbrico-Ordovícico (540-435 Ma)	Unidad Ollo de Sapo (Zona Centroibérica)
	Cámbrico-Ordovícico-Silúrico-Devónico (540-360 Ma)	Materiales de las Unidades de la Zona Asturleonesa: esquistos, filitas, pizarras, cuarcitas y calizas/dolomías marmóreas
	Ordovícico-Silúrico (500-410 Ma)	Complejo de Cabo Ortegal (Zona Galicia media-Tras os Montes)
	Carbonífero (360 Ma)	Gneises de la Unidad Malpica-Tui (Zona Galicia media-Tras os Montes)
	Carbonífero-Pérmico (360-250 Ma)	Rocas plutónicas básicas (dioritas, gabros y dunitas) y metamórficas (anfibolitas y/o serpentinitas) (Zona Galicia Media-Tras os Montes). Rocas plutónicas ácidas asociadas (granitos, granodioritas, sienitas)
Cenozoico	Oligoceno -Mioceno (34-5,3 Ma)	Depósitos sedimentarios de arenas y arcillas, a veces con lignito
	Cuaternario	Depósitos gruesos por encima de los anteriores y depósitos aluviales, coluviales y de playa

Tabla 2.1. Series y unidades litológicas de Galicia con su edad más probable según diferentes referencias científicas ([10, 11, 12, 13, 14]).

Rocas metamórficas

En este grupo de rocas se diferencian, por una parte, las formadas por los materiales más antiguos de Galicia, cuya edad se remonta al Precámbrico y Cámbrico y que reúnen fundamentalmente gneises y esquistos (Esquistos del *Complejo de Ordes* y *Serie de Vilalba*) y, por otra parte, las rocas datadas en el Paleozoico inferior (períodos

10 López-Martínez y col. (1993). Estudio paleontológico en las cuencas terciarias de Galicia. Rev. Soc. Geol. España, 6 (3-4).

11 Santanach Prat P. (1994). Las Cuencas Terciarias gallegas en la terminación occidental de los relieves pirenaicos. Cuaderno Lab. Xeolóxico de Laxe. Coruña. Vol. 19, pp. 57-71.

12 Llana Fúnez, S. (1999). La estructura de la unidad Malpica-Tui (Cordillera Varisca en Iberia). Tesis doctoral. Universidad de Oviedo. Departamento de Geología.

13 Instituto Geológico y Minero de España-IGME (1981). Mapa geológico de España E 1:50.000 Hoja 70. Órdenes. Segunda Serie, primera edición. Servicio de Publicaciones del Ministerio de Industria y Energía.

14 Instituto Geológico y Minero de España I.G.M.E. (2008). Mapa de rocas y minerales industriales de Galicia. Escala 1:250.000.

Cámbrico, Ordovícico y Silúrico) y que pertenecen a la Zona *Centroibérica* (Dominio del *Ollo de Sapo*), a la Zona *Galicia-Tras os Montes* (Complejos *Malpica Tui* y *Cabo Ortegal*) y a los diferentes dominios de la Zona *Asturoccidental Leonesa*.

Los Esquistos del *Complejo de Ordes* representan uno de los conjuntos de rocas más 49 antiguas de Galicia. Constituyen una unidad bien delimitada, de forma elíptica, que va desde el norte de Santiago hasta la costa del municipio de Oleiros. Se caracterizan por ser de grano fino y muy ricos en biotita, si bien dentro de su aparente uniformidad presentan variaciones importantes en cuanto a su petrografía y facies de metamorfismo; de modo general se puede decir que del sur hacia el norte va disminuyendo el tamaño de grano y el contenido de cuarzo y va aumentando el contenido de biotita. Estos esquistos han sido usados en la construcción de edificios históricos (Figura 1.20 del Capítulo 1).

Las unidades singulares del segundo grupo de rocas, datadas en el Paleozoico inferior (Cámbrico, Ordovícico y Silúrico) son la formación *Ollo de Sapo*, la *Unidad Malpica-Tui* y el *Complejo de Cabo Ortegal*. Estas rocas ocupan una extensión relativamente pequeña y apenas tienen importancia como material constructivo pero su estudio ha sido de gran interés para reconstruir la historia geológica de Galicia. Las dos últimas unidades se consideran alóctonas, es decir, que se formaron en otras latitudes diferentes a las que ocupan actualmente y fueron desplazadas a sus posiciones geográficas actuales durante los avatares de la tectónica de placas.

El Dominio *Ollo de Sapo* aflora en una estrecha banda que va desde la costa cantábrica de Galicia hasta Zamora. Su formación se asocia con acontecimientos tectónicos complejos y se ha llegado a describir como la cicatriz resultante de la unión de la Galicia oriental y la Galicia occidental. La roca más característica de esta formación es un gneis glandular. Su nombre alude a la presencia de cristales de cuarzo azulado que recuerdan a los ojos de los sapos (Figura 2.4).

Figura 2.4. Imágenes de una sillería mixta hecha con granito y gneis Ollo de Sapo (Celeiros, Ribeira Sacra). Destacan los blastos de cuarzo azul oscuro y los blastos de feldespato potásico, de color crema.

50

La *Unidad Malpica-Tui* constituye una larga y estrecha franja que va desde Malpica, en la costa norte de Galicia, hasta Tui, en la frontera con Portugal. Ha recibido también las denominaciones de *Complejo antiguo* y de *Fosa blastomilonítica* [15]. Está constituida por rocas de origen sedimentario transformadas en gneises y esquistos con intercalaciones de diques básicos; estas rocas fueron intensamente afectadas por la orogenia Hercínica que causó importantes transformaciones y deformaciones de modo que en la actualidad las rocas mayoritarias son gneises miloníticos y anfibolitas.

El *Complejo de Cabo Ortegal* ha sido objeto de numerosas investigaciones y publicaciones (más de cien artículos científicos y alrededor de veinte tesis doctorales) que todavía continúan desarrollándose para tratar de esclarecer su génesis, clave para conocer no solo la historia geológica de Galicia sino la evolución del planeta en el contexto de la tectónica de placas. Es un conjunto de elevado grado de metamorfismo de alta presión y temperatura cuyos materiales constituyentes son predominantemente rocas ultramáficas (peridotitas intensamente deformadas y serpentinizadas), gnéisicas (en general de composición psamo-pelíticas), anfibolitas, eclogitas y granulitas, así como niveles e intercalaciones de metagabros, rocas calcosilicatadas y ortogneises graníticos. Las rocas de esta unidad reciben el nombre de ofiolitas, aludiendo a materiales procedentes de la litosfera oceánica que fueron incorporados al orógeno durante la colisión hercínica. En este sentido, constituyen rocas muy peculiares que despiertan gran interés científico y divulgativo.

Los materiales rocosos de origen metamórfico pertenecientes a la Zona *Asturoccidental Leonesa* comprenden el sustrato geológico de gran parte de las provincias de Lugo y de Ourense. Son formaciones rocosas datadas desde el Paleozoico inferior (periodos Cámbrico y Ordovícico y, con menor representación los períodos Silúrico y Devónico) y definidas por bandas intercaladas de pizarras, filitas y esquistos entre las que aparecen en algunos lugares estrechos bancos de cuarcitas y también de calizas y/o dolomías marmóreas. Es un complejo representativo de un metamorfismo regional de grado bajo a medio que va aumentando de intensidad hacia el oeste. Presenta fuerte deformación y foliación tectónica visible, así como una curvatura de norte a sudoeste. A este complejo pertenecen las series denominadas *Grupo de Cándana, Caliza de Vegadeo, Serie de Los Cabos, Capas de Riotorto y Vilamea, Capas de Rio Eo, Pizarras de Luarca* y pizarras de la *Formación Agüeira*.

Estas formaciones se sitúan discordantemente sobre unos materiales muy antiguos (Precámbrico, período Véndico Superior, hace 570 Ma) que se incluyen en la denominada *Serie de Vilalba*, constituida por esquistos, aunque engloba también pizarras y cuarcitas.

---

15 Den Tex y Floor (1967). A blastomylonitic and polymetamorphic "Graben" in western Galicia (NW-Spain). Etapes tectoniques. Institut de geologie de l'universite de Neuchatel. (Colloque de Neuchatel 18-21 avril 1966). La Baconniere.

Las pizarras de esta gran unidad son, junto con los granitos, las rocas más abundantes en Galicia ocupando una gran parte de su territorio en su mitad oriental. Su origen corresponde al metamorfismo de sedimentos pelíticos (arcillosos) que se depositaron inicialmente en fondos marinos profundos con escasez de oxígeno, lo que preservaría su contenido en materia orgánica y esta es la causa de sus coloraciones oscuras. Su característica más relevante es su marcada orientación en planos (esquistosidad) y su gran tendencia a exfoliar (denominada fisilidad), es decir capacidad de romper en láminas; esta propiedad confiere un enorme valor a estas pizarras como roca ornamental para techar (Figura 2.5); de hecho, España es el principal productor de pizarra para techar del mundo y, dentro del mercado español de roca ornamental, la pizarra es la roca de mayor producción desde 2018[16]. En Galicia, las principales áreas de producción se localizan en las mitades orientales de las provincias de Ourense y Lugo, destacando las zonas mineras de O Barco de Valdeorras (Riodolas y Santa María de Casaio, Ourense) y Folgoso do Courel (Lugo).

Figura 2.5. Uso de pizarras en techados en monumentos del Camino de Santiago: Capilla de Santa María Magdalena de Ventas de Narón, (1993).

16 Estadística minera de España (2022). Catálogo de Publicaciones de la Administración General del Estado. Ministerio para la Transición Ecológica y el reto demográfico. Secretaría general técnica. Servicio de Publicaciones. 2022. NIPO: 665-20-023-0

La facilidad que presenta esta roca para exfoliar en láminas o lajas ha propiciado su uso desde la antigüedad para recubrimientos y techumbres de tumbas (castros romanizados, tumbas en Lucus Augusta) y de todo tipo de construcciones rurales y urbanas. Sin embargo, es muy rara su utilización en la construcción de muros, únicamente se encuentran en edificaciones sencillas, como algunas iglesias del Camino de Santiago. También es muy característica de los paisajes de zonas pizarrosas el uso de grandes lajas de pizarras delimitando las fincas rurales.

Otras rocas metamórficas que aparecen asociadas a las pizarras en la Zona *Asturoccidental Leonesa* son las filitas y los esquistos, las cuarcitas y areniscas metamorfizadas y las calizas marmorizadas. En el ámbito de las filitas y esquistos, frecuentemente es difícil marcar los limites en campo entre unas tipologías y otras. Los esquistos son rocas de mayor grado de metamorfismo que las filitas, y se caracterizan por ser más ricos en micas y en cuarzo y por presentar un tamaño de grano mayor. Estos materiales poseen en general una foliación marcada que facilita su rotura en lajas de distintos grosores a favor de los planos de esquistosidad, y son utilizadas como piedra natural rústica para pavimentos, revestimientos y mampostería.

Las cuarcitas, areniscas y otras variedades litológicas próximas, que se comercializan todas ellas con el nombre de cuarcitas para su uso como revestimientos, muros y suelos, constituyen un recurso geológico importante en la parte oriental de Galicia, especialmente en la provincia de Lugo, donde se disponen en bandas alargadas muchas de ellas susceptibles de aprovechamiento, de ahí la gran dispersión de los puntos de extracción. La variabilidad textural de estas rocas a veces se pone de manifiesto en las edificaciones (Figura 1.3, Capítulo 1).

Las calizas o calizas/dolomías más o menos marmorizadas de esta Zona *Asturoccidental leonesa* son escasas en Galicia y se localizan en las provincias de Ourense y Lugo, sobre todo en esta última. Se trata de calizas de edad cámbrica de la formación *Calizas de Vegadeo* (calizas y dolomías recristalizadas) y de los niveles carbonatados que se intercalan en las pizarras de la *Serie de Cándana* y que se diferencian como la unidad *Calizas de Cándana* (calizas y calizas dolomíticas muy marmorizadas). Como piedra natural-ornamental, estas calizas metamorfizadas constituyen un recurso muy valioso pero escaso, y se obtienen en forma de planchas aprovechando la estratificación de la roca, o en pequeños bloques, si bien en ocasiones se han extraído bloques de mayores dimensiones aptos para el corte y labrado, como ocurrió hace años en los concellos de Incio y Abadín. Así, monumentos de interés cultural como la Iglesia de San Nicolás de Portomarín (Figura 1.18b, Capítulo 1) o la Iglesia de San Pedro Fiz de Hospital do Incio[17] incluyen este tipo de calizas, estando presentes también en la arquitectura popular de estas zonas geográficas.

---

17 Gutiérrez García. y col. (2018). The marble of O Incio (Galicia, Spain): Quarries and first archaeometric characterisation of a material used since roman times, ArcheoSciences Online,40.

Además de su uso como piedra natural, las rocas calcáreas se aprovecharon para otros fines como son la obtención de cal para la corrección de los suelos ácidos o para la elaboración de argamasas. Es destacable la cantera de Triacastela, de gran potencia y de una caliza de gran pureza, que se explotó como materia prima para la fabricación de cemento en la factoría de Oural, cerca de Sarria.

Además, en las crónicas del Camino de Santiago -Códice Calixtino- se menciona el hecho de que los peregrinos tomaba una piedra de caliza en Triacastela y la llevaban hasta un horno de fabricación de cal cerca de Arzúa[18]. Así, en palabras de Álvaro Cunqueiro *la argamasa empleada en la construcción del templo apostólico fue en buena parte amasada con el sudor de los peregrinos a Santiago.*

Otras rocas metamórficas de menor representación son las resultantes del metamorfismo de rocas plutónicas básicas, como son la anfibolita y la serpentinita. La anfibolita resulta del metamorfismo del gabro. Es una roca de poca extensión en Galicia, aparece dispersa en pequeños enclaves asociada a complejos metamórficos y polimetamórficos (*Esquistos de Ordes, Unidad Malpica-Tui* y *Complejo de Cabo Ortegal*). Uno de los afloramientos más importantes se encuentra en la unidad *Santiago-Ponte Ulla* que forma parte de una formación semicircular que bordea los *Esquistos de Ordes* por el sur (Figura 2.3). Es una roca cuyos componentes predominantes son los anfíboles (sobre todo hornblenda) y que se caracteriza por una gran densidad y tenacidad. Así, algunas anfibolitas gallegas poseen cualidades excepcionales para ser usadas como árido para balasto, carreteras y obra civil, debido a su elevada resistencia a la abrasión (Figura 2.6).

Figura 2.6. Ejemplos de rocas ultramáficass gallegas. Izquierda, anfibolita de la Mina de Campomarzo (Bandeira, Pontevedra) usada para balasto; a la derecha, anfibolita de la Mina de Touro (A Coruña).

18 VV.AA. (1999). Patrimonio Geológico del Camino de Santiago. Ministerio de Ciencia e Innovación. Instituto Geológico y Minero, 176 páginas. ISBN: 978-84-7840-380-6

54

La serpentinita, asociada también a los complejos metamórficos de *Ordes*, *Unidad Malpica-Tui* y *Complejo de Cabo Ortegal*, se forma por metasomatismo de rocas básicas y ultrabásicas como pueden ser la anfibolita, la dunita y la peridotita; este es un tipo de metamorfismo en el que además del incremento de presión y de temperatura tienen lugar cambios químicos en el sistema debido a la introducción de fluidos hidrotermales. La serpentinita está formada sobre todo por minerales del grupo de la serpentina entre los que se encuentra la antigorita y el crisotilo. Es de color verde, a veces jaspeada y de gran belleza por lo que se ha usado para la elaboración de elementos decorativos, construcciones de carácter religioso (cruceiros) e incluso edificaciones recientes (como el edificio del Concello de Moeche) (Figura 2.7). Afloramientos que han sido objeto de explotación se encuentran los municipios de Moeche y As Somozas (provincia de A Coruña, situados sobre el *Complejo de Cabo Ortegal*) y en las zonas de Melide, Bandeira y Vila de Cruces (provincia de Pontevedra)[19].

Figura 2.7. Algunas rocas serpentinizadas usadas en monumentos y edificaciones. A: cruceiro-peto de ánimas en la localidad de As Somozas (A Coruña); B) marco de las ventanas de una casa antigua aledaña al Castelo de Moeche (A Coruña); C: pórtico de acceso del edificio del Concello de Moeche, construido con serpentinita de la zona.

Rocas plutónicas

Rocas plutónicas básicas y ultrabásicas

Las rocas ígneas básicas o máficas son pobres en sílice por tanto poseen poco cuarzo o incluso carecen de este mineral; por esa razón, suelen tener coloraciones oscu-

---

19 Instituto Geológico y Minero de España I.G.M.E. (2008). Mapa de rocas y minerales industriales de Galicia. Escala 1:250.000.

ras, son rocas melanocráticas. Las principales rocas de este tipo que se encuentran en el territorio gallego son el gabro, la diorita y la peridotita.

En Galicia son minoritarias en relación con las ácidas (o félsicas, rocas más claras o leucocráticas) y prácticamente no se han empleado como material constructivo salvo en pequeñas construcciones en las que se ha usado siempre como material para mampostería.

El gabro es una roca oscura compuesta principalmente por piroxenos y plagioclasas, mayoritariamente cálcicas, y anfíboles en menor proporción, pudiendo presentar como minerales minoritarios o accesorios ilmenita y magnetita. Subordinada al gabro aparece la diorita, que es una roca muy similar mineralógica y texturalmente al gabro y que se diferencia de este por contener una mayor proporción de anfíbol tipo hornblenda. Las diferencias composicionales entre estas dos rocas se confirman en el diagrama QAPF de Streckeisen[20,21] (Figura 2.8), diagrama que se usa para clasificar las rocas ígneas, especialmente las rocas plutónicas y que se ajusta a las recomendaciones de la IUGS (Subcomisión para la Sistemática de las Rocas Ígneas-Unión Internacional de Geociencias).

20 Streckeisen, A. L., (1974). Classification and Nomenclature of Plutonic Rocks. Recommendations of the IUGS Subcommission on the Systematics of Igneous Rocks. Geologische Rundschau. Internationale Zeitschrift für Geologie. Stuttgart. Vol.63, p. 773-785.

21 Le Maitre ed. (2002); Igneous Rocks: A Classification and Glossary of Terms: Recommendations of the International Union of Geological Sciences Subcommission on the Systematics of Igneous Rocks; Cambridge University Press, 252p.

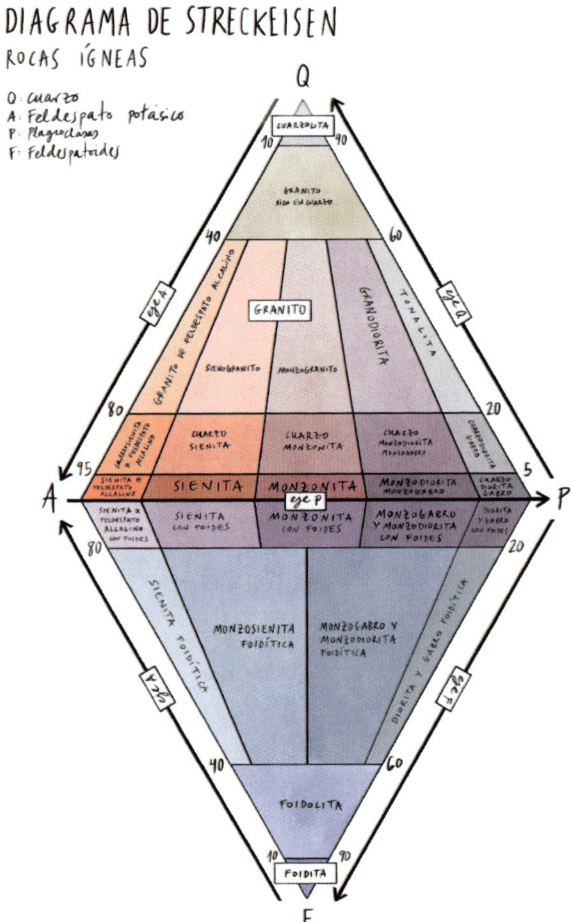

Figura 2.8. Diagrama QAPF de Streckeisen para la clasificación de las rocas ígneas según el contenido de feldespato potásico (A), plagioclasas (P), cuarzo (Q) y feldespatoides (F). Simplificado a partir del original (Streckeisen, 1974). Ilustración de Clara Cerviño.

En Galicia, existen varios afloramientos de rocas de composición gabroidea, es decir, que poseen una composición mineralógica variable entre los términos gabro (rico en plagioclasa cálcica y piroxeno), diorita (rica en plagioclasa cálcica y anfíbol) y monzonita (roca con algo más de biotita que las anteriores y menor contenido en hornblenda) (Figura 2.8). Los principales afloramientos gabroicos de Galicia se encuentran en el macizo de Monte Castelo (A Coruña) y en el municipio de Campo

Lameiro (Pontevedra). Las rocas de ambos afloramientos fueron comercializadas como rocas ornamentales bajo la denominación de *Negro Galicia* y *Negro Esmeralda*; ambas variedades eran conocidas como *granito negro* (Figura 3.1, Capítulo 3), aunque mineralógicamente, la roca gabroidea extraída en Campo Lameiro es, en realidad, una monzonita[22].

Rocas plutónicas ácidas: rocas graníticas

Las rocas ácidas son aquellas con un alto contenido de SiO_2 lo que conlleva una mayor abundancia de minerales félsicos - entre los que se encuentra el cuarzo- y una escasez de ferromagnesianos; estas rocas, por tanto, poseen coloraciones más claras que las ferromagnesianas.

Las rocas graníticas son las más abundantes de esta tipología. Se incluyen en este término los granitos en sentido estricto (*sensu stricto, s.s.*), las granodioritas y otras rocas plutónicas ácidas como las sienitas. En la Figura 2.8 se puede consultar las diferencias mineralógicas que llevan a la definición de unos u otros términos. También se suelen incluir dentro de las rocas graníticas a los gneises resultantes del metamorfismo del granito, es decir los ortogneises, ya que tienen una composición mineralógica similar, aunque aparecen deformados y orientados.

Las rocas graníticas son las rocas más comunes de Galicia y las más usadas como material constructivo. Constituyen más de un tercio del sustrato geológico de la región, ocupando la parte occidental (gran parte de las provincias de A Coruña y Pontevedra y parte de Ourense).

El granito presenta típicamente una textura granuda, holocristalina y fanerítica, y sus componente minerales son cuarzo, feldespato potásico (siendo la microclina el polimorfo dominante de este mineral en los granitos gallegos), plagioclasa (mayoritariamente de términos albíticos, es decir, más rica en Na que en Ca) y micas moscovita y biotita; la proporción de ambas micas es muy variable hasta el punto de que algunos granitos carecen de biotita lo que le confiere un color muy claro (leucogranitos), ya que la biotita o mica negra es el único mineral de color oscuro que posee esta roca. Como minerales accesorios son muy frecuentes rutilo, circón, apatito y andalucita; ocasionalmente pueden contener también anfíboles. En el campo superior del diagrama de Streckeisen (Figura 2.8), el campo del granito está definido por una composición modal de cuarzo entre 20 – 60 % y una relación entre plagioclasa (P) y feldespato potásico (A) (P/(P + A)) entre 10 y 65; el campo de granito comprende dos subcampos en función de esta proporción: sienogranito y monzogranito.

---

22 Instituto Geológico y Minero de España I.G.M.E. (2008). Mapa de rocas y minerales industriales de Galicia. Escala 1:250.000.

58

La granodiorita es una roca muy similar al granito en mineralogía y textura de modo que a simple vista es imposible distinguirlas. Para reconocerlas con rigor es necesario un estudio petrográfico detallado y un análisis modal pues la única diferencia objetiva entre ambas es la proporción relativa de feldespato potásico y plagioclasas: los granitos tienen una mayor proporción de feldespato K y las granodioritas una mayor proporción de plagioclasas y, frecuentemente, una mayor cantidad de biotita y de minerales accesorios ferromagnesianos.

Las sienitas en Galicia son minoritarias en comparación con las rocas que se acaban de describir. Se caracterizan por un bajo porcentaje de cuarzo que incluso puede estar ausente. El mineral predominante es el feldespato K que muchas veces es de tonalidad rosada lo que confiere a esta roca un aspecto muy apreciado como roca ornamental.

Clasificación de las rocas graníticas gallegas

La variedad mineralógica y textural de las rocas graníticas del NW peninsular, en particular de los granitos de Galicia, está determinada por los procesos que tuvieron lugar durante la orogenia Hercínica, evento que marca de forma importante la historia geológica de Galicia y que tuvo lugar a lo largo de unos 100 millones de años (finales del Paleozoico, entre 380 y 280 M.a, a.p). Este evento se asocia al paroxismo ocurrido como consecuencia de los choques de placas que suceden a la rotura del supercontinente Pangea: se produce la elevación del denominado macizo Hespérico (que abarca parte del occidente de Asturias, Galicia, gran parte de Portugal, continuando hacia el norte por el occidente europeo), se generan importantes manifestaciones metamórficas y, sobre todo, se produce una gran actividad plutónica.

La orogenia Hercínica constituye una referencia para establecer las edades de las rocas gallegas y en especial de las rocas graníticas. Los primeros intentos de clasificación de las rocas graníticas gallegas realizados por Parga Pondal en los años 1956 y 1966 establecen dos grandes grupos: *granitos prehercínicos* y *granitos hercínicos*. Los granitos prehercínicos son de edad precámbrica y del Paleozoico Inferior y están transformados en ortogneises mientras que los granitos hercínicos se emplazaron durante las diferentes fases de la orogenia Hercínica. Según la clasificación de las rocas graníticas de Galicia realizada por Capdevilla y Floor[23] que, aunque con algunas precisiones y modificaciones, sigue siendo aceptada, la gran mayoría de los granitos gallegos se emplazaron durante la orogenia Hercínica.

A continuación, se presenta la clasificación de los granitos hercínicos gallegos según estos autores, con algunos comentarios e indicaciones de lugares de Galicia donde aparece cada tipo y fotografías de su aspecto a escala de mano.

---

23 Capdevila y Floor. (1970). Les differentes types de granites hercyniens et leur distribution dans le nord ouest de L'Espagne. Bol. Geol. Min.,v. 81 (nos. 2–3), pp. 215-225

Serie de los granitos y granitoides alcalinos de dos micas

Afloraron durante el proceso orogénico varisco y aparecen asociados a manifestaciones metamórficas que provocaron anatexia en los niveles más profundos del orógeno. Se dividen en:

a) *Granitos de anatexia.* La fusión parcial originó en la masa rocosa orientaciones de flujo. Aparecen deformados y poseen frecuentes filones o diques de cuarzo o de aplitas y pegmatitas, así como numerosos restitos (concentraciones de minerales, especialmente de micas). Se caracterizan por su aspecto heterogéneo y por una cierta variabilidad en su composición mineralógica. Son poco abundantes en el territorio gallego y siempre aparecen asociados a rocas de metamorfismo elevado formando macizos alargados (por ejemplo, cerca de Corcubión y este del Barbanza). A pesar de su textura heterogénea, son usados en Galicia en fábricas de sillería o mampostería (Figura 2.9).

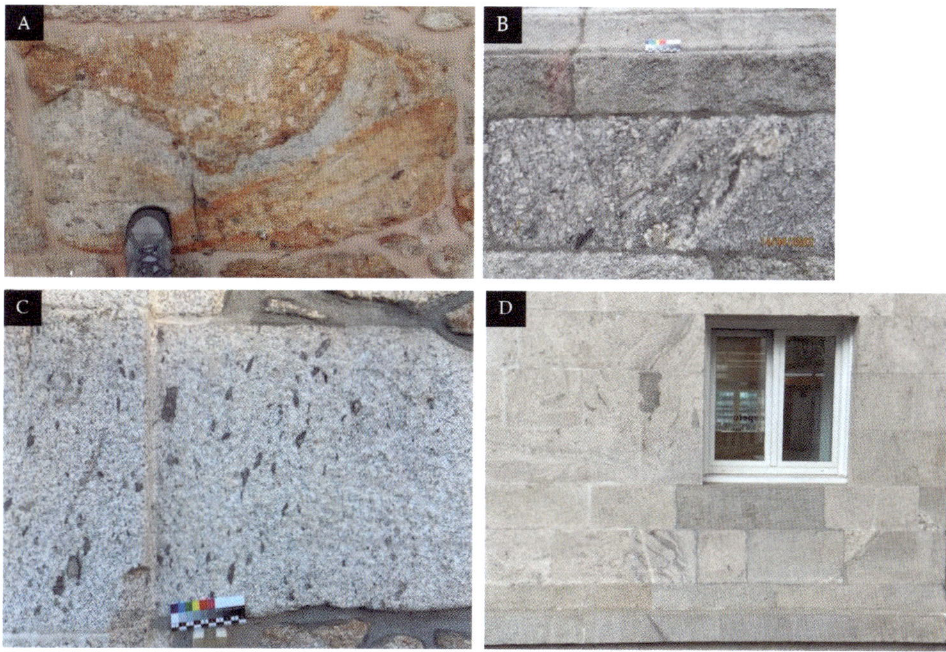

Figura 2.9. Sillería hecha con migmatitas (resultado de procesos de anatexia) de diferentes texturas, en edificios de diferentes localidades. A) casa antigua en Camelle (A Coruña); B: Iglesia de Santiago de Cangas (Pontevedra); C: casa antigua en O Rosal (Pontevedra); D: fachada del edificio de la Cruz Roja, en Vigo (Pontevedra). En todas las imágenes se aprecian los bandeados oscuros (paleosoma) de mayor o menor envergadura.

60

b) *Granitos alcalinos de dos micas s.s.* Son los más extendidos en Galicia localizándose fundamentalmente en la zona occidental y ocupando gran parte de las provincias de A Coruña y Pontevedra y parte de la de Ourense. Son mucho más homogéneos que los anteriores y su tamaño de grano es generalmente medio-fino; se distinguen variedades en las que los granos de feldespato potásico presentan un tamaño superior al resto de los minerales. Forman cuerpos irregulares (macizo del Barbanza), domos alargados de grandes dimensiones (granito de Laxe, al oeste de Ponteceso) y pequeños macizos circunscritos (Lalín). Corresponderían a los conocidos como *granitos del país*, o *granitos silvestres*, tratándose del material constructivo por excelencia del patrimonio construido antiguo de Galicia, tanto arquitectónico como arqueológico (particularmente, los petroglifos) (Figura 2.10).

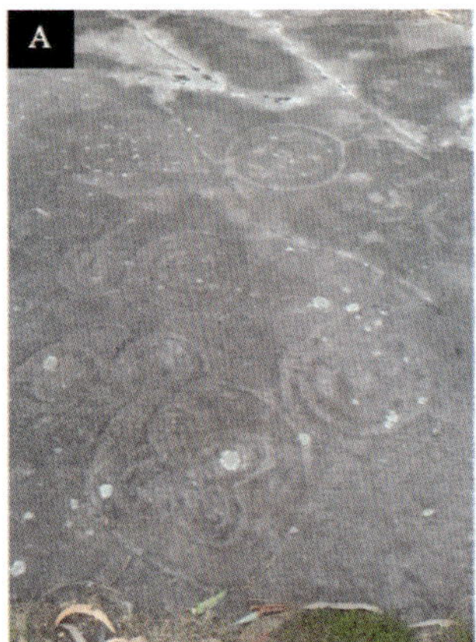

Figura 2.10. Ejemplos de patrimonio construido con granitos de tendencia alcalina (Capdevilla y Floor, 1970). A) petroglifo de Laxe Escrita (Carnota, A Coruña), grabado sobre *granito de dos micas de grano medio a grueso tipo Barbanza* (IGME, Magna 50, Hoja 119, Noia); B: fachada principal de la Basílica de Santa María de Pontevedra, construida con un granito de composición y textura similares al granito del sustrato geológico del área, que es *granito de feldespato alcalino* (IGME, Magna 50, Hoja 185-Pontevedra); C: portada de la Iglesia de San Salvador de Pazos de Arenteiro (Ourense), construida con un granito de composición y textura similar al sustrato de la zona, *granito adamellítico de dos micas* (IGME, Magna 50, Hoja 187, Ourense).

c) *Granitos alcalinos de dos micas con megacristales.* Presentan una gran variedad de tamaño de grano, orientación y deformación dependiendo de su edad y posición; se caracterizan porque los granos de feldespato potásico presentan un mayor desarrollo que el resto de los minerales, hasta el punto de ser frecuentes las texturas porfiroides. Su composición mineralógica es muy homogénea y con frecuencia aparecen rocas filonianas asociadas a ellos. Forman pequeños macizos circunscritos en zonas de bajo metamorfismo y se pueden observar en Serra de Forgoselo, Donís o centro de Serra dos Ancares.

Serie de las granodioritas calcoalcalinas con biotita dominante

Aunque suelen tener dos micas, la biotita es claramente dominante sobre la moscovita que puede incluso estar ausente. La plagioclasa muchas veces es más abundante que el feldespato potásico de ahí que Capdevilla y Floor[24] las designen como granodioritas, aunque no siempre se cumple esta regla con rigor. La plagioclasa suele ser más cercana al término anortita (más rica en Ca que en Na) que en los llamados granitos alcalinos (en los que es más próxima a la albita, es decir más rica en Na). Su emplazamiento es más tardío que para las rocas de la serie anterior y se diferencian a su vez en dos tipos en función de su edad:

a) *Granodioritas precoces*. Su intrusión tuvo lugar antes de las últimas manifestaciones de la orogenia Hercínica, de ahí que frecuentemente aparecen más o menos deformadas y formando macizos irregulares (Baio, Noia, Negreira, Santa Eulalia). En muchas ocasiones poseen megacristales de feldespato potásico que pueden alcanzar dimensiones de varios centímetros (Figura 2.11).

Figura 2.11. En la costa de Cabo Udra (Pontevedra) aflora una granodiorita que posee fenocristales de feldespato potásico muy grandes (hasta 10 cm); esta granodiorita se conoce como *granito dente de cabalo* y corresponde a la *granodiorita de megacristales feldespáticos* descrita en la hoja 223-Vigo- del Mapa geológico E 1:50.000 serie Magna.

b) *Granodioritas tardías*. Estas rocas constituyen las últimas manifestaciones del magmatismo hercínico. Se presentan generalmente en macizos circunscritos de

---

24 Capdevila y Floor. (1970). Les differentes types de granites hercyniens et leur distribution dans le nord ouest de L'Espagne. Bol. Geol. Min.,v. 81 (nos. 2–3), pp. 215-225

62

contornos regulares y son netamente intrusivas, sin deformaciones. Se pueden encontrar en Castroverde y Neira (con megacristales de feldespato potásico) y en O Pindo, Caldas de Reis, O Porriño, y Traba (con fenocristales). Dentro de cada macizo presentan, en general, una homogeneidad notable y la gran mayoría de los granitos que se comercializan como rocas ornamentales pertenecen a esta tipología; la variedad ornamental que actualmente se comercializa como *Gris Perla* (Meis, Pontevedra) también ha sido utilizada en épocas antiguas para construir monumentos megalíticos (Figura 2.12).

La clasificación de Capdevilla y Floor (1970) es, en términos generales, la más aceptada para las rocas graníticas gallegas, aunque con algunas objeciones. La más importante se refiere a la utilización del término granodiorita para las rocas de la segunda serie ya que no siempre responden a esta tipología. Aun así, esta clasificación ha servido de base para trabajos posteriores como los trabajos cartográficos y las memorias correspondientes del proyecto MAGNA (mapa geológico nacional de España, escala 1:50000).

Figura 2.12. A) aspecto de la variedad actualmente comercializada como Gris Perla (superficie natural de afloramiento); B y C): el dolmen de Guidorio Areoso (B) está construido casi en su totalidad con la misma granodiorita que se explota como Gris Perla; la imagen C es un detalle de la granodiorita del dolmen, destacando los megacristales de feldespato potásico.

Capítulo 03
Propiedades de las rocas como material constructivo

Propiedades de las rocas como material constructivo. Características estéticas, técnicas y estructurales. Aspectos relacionados con la explotación, elaboración y puesta en obra que condicionan la calidad y durabilidad de la roca.

Las rocas ornamentales constituyen un recurso económico muy importante en España. A nivel internacional España fue, en 2021, el séptimo país productor y el sexto país exportador de piedra natural del mundo, ocupando el primer puesto en el mundo como productor de pizarra para techar. Los principales países que importan rocas ornamentales de España son Francia, Reino Unido y Estados Unidos.

A nivel nacional, aunque la producción de roca ornamental supuso, en 2021, sólo un 0,16% del PIB de España, este sector es de gran importancia para las principales comunidades autónomas productoras: Galicia (38% del valor de la producción nacional), Castilla León (el 25% del valor de la producción nacional), Comunidad Valenciana (8% de la producción nacional), Región de Murcia (5%) y Andalucía (5%). A nivel provincial, las provincias que encabezan la exportación de roca ornamental son Ourense y Pontevedra, seguidas de Alicante, Almería y León.

Las rocas ornamentales que se producen en España son alabastro, arenisca, caliza, cuarcita, diorita, granito, mármol y pizarra. La pizarra, el granito y la caliza encabezan las mayores producciones en toneladas; de estas tres rocas, la pizarra representa el 37% del total de toneladas de roca ornamental producida en España. Esta pizarra se explota fundamentalmente en Galicia (provincia de Ourense) y en Castilla León (provincia de León). El granito se produce mayoritariamente en Galicia (el 51% de la producción nacional procede de esta comunidad autónoma), siendo Pontevedra y Ourense las principales provincias productoras.

En la antigüedad, se utilizaba para construir rocas que estaban a mano, pero la explotación y comercialización de las rocas ornamentales ha experimentado un auge tan importante en los últimos años (en consonancia con el desarrollo económico y la consiguiente mejora en la calidad de las construcciones) que hoy en día se pueden conseguir rocas ornamentales de los lugares más diversos del Planeta; así, países como la India, China, Brasil, Turquía, Irán e Italia han ocupado los primeros puestos como países productores de roca ornamental en los últimos años.

Este capítulo trata sobre las propiedades de las rocas ornamentales que definen su calidad como material de construcción. En las edificaciones antiguas, las rocas empleadas no cumplen en muchos casos estas especificaciones, pero en la actualidad, a la hora de elegir una roca ornamental para una construcción arquitectónica, el material escogido debe cumplir una serie de requisitos técnicos; ahí radica la importancia de conocer profundamente las propiedades físico-mecánicas de las rocas y de entender cómo estos materiales naturales se comportan en obra para evitar un futuro deterioro.

Aunque se tratará este tema para la generalidad de las rocas ornamentales, se hará hincapié en el conjunto de las rocas graníticas, dado que se trata del material constructivo por excelencia del patrimonio cultural arquitectónico y arqueológico de Galicia.

Propiedades de las rocas como material constructivo

La calidad de una roca para ser usada como material constructivo viene dada por una serie de propiedades o características físicas cuantificables que se pueden dividir en tres grupos: características estéticas, características técnicas y características estructurales.

1 Características estéticas

Las rocas ornamentales son muy variadas estéticamente; esta variabilidad viene determinada por dos características:

— En primer lugar, por la mineralogía, que determina su color. Así, minerales leucocráticos como la calcita, el cuarzo, el feldespato potásico o las plagioclasas, confieren coloraciones claras a las rocas. Es el caso de las calizas y los mármoles, que son rocas ricas en calcita, y de las areniscas y los granitos *sensu stricto*, que poseen cantidades importantes de cuarzo y feldespatos. Los minerales melanocratos, ferromagnesianos, como la biotita o los minerales del grupo de los anfíboles, piroxenos y olivinos, dan coloraciones oscuras a las rocas; es el caso las rocas ígneas plutónicas oscuras como el gabro y la peridotita o las metamórficas como la serpentinita, la dunita y la eclogita.

En el conjunto de los granitos, hay leucogranitos, que apenas poseen minerales oscuros (variedad *Blanco Cristal*), granitos pardos (variedad *Silvestre Moreno-Tui*) y granitos oscuros (variedad *Gris Morrazo*) (Figura 3.1). Y hay otras que son de color negro, como los gabros, los cuales, aunque mineralógicamente no son granitos en sentido estricto, son denominados comercialmente como granitos (variedad *Sudáfrica Oscuro*). Existen otros granitos en los que los feldespatos poseen coloraciones variadas: rojizas, como en el granito *Balmoral*; rosadas, como en los granitos *Rosa Porriño* y *Rosavel*; y pardas debido a la existencia de óxidos de hierro, como en *Silvestre Moreno* (Figura 3.1).

El color, por tanto, está muy determinado por la mineralogía, y junto con otros rasgos macroscópicos texturales (tamaño y forma de los granos, distribución de tamaños de grano) y estructurales (como vetas, bandeados, gabarros etc.) es la primera cualidad que se valora a la hora de elegir una roca ornamental.

Figura 3.1. Fotografías de diferentes rocas graníticas ornamentales junto con sus nombres comerciales.

El color de una roca, en cuanto que esta es un agregado heterogéneo, es el resultado de la contribución del color de cada uno de los minerales que forman la roca. La inmensa mayoría de los minerales tienen tonalidades pálidas (blancos o ligeramente rosados) o incoloros, únicamente los que poseen en su constitución algún elemento químico correspondiente al grupo de los metales de transición presentan cromaticidad. De estos elementos el más abundante en la litosfera es el hierro, de modo que se puede decir que el hierro es el cromóforo por excelencia en el mundo mineral. El color que confiere el hierro a los minerales o compuestos químicos que conforma es variable según el grado de oxidación que presente y el estado de hidratación de los compuestos de los que forma parte. Así, los óxidos de hierro presentan tonalidades que van del amarillo al rojo intenso pasando por tonalidades anaranjadas o las típicamente herrumbrosas. Los silicatos de hierro son otros minerales melanocratos que poseen tonos verdes, castaños o negros; son predominantes en las rocas formadas a partir de magmas con poca sílice que por este motivo se califican como rocas básicas (también denominadas rocas máficas).

El color de una roca puede variar con el tiempo como consecuencia de la meteorización de modo que se puede usar como un índice cualitativo sencillo del grado de alteración.

En la actualidad ha adquirido gran interés la medición cuantitativa del color de las rocas para su catalogación, para su control de calidad y también para controlar los resultados de los tratamientos de consolidación o hidrofugacción que cada vez se practican con más frecuencia.

Medir el color de una roca no es fácil puesto que se trata de un sólido heterogéneo. Actualmente se utilizan colorímetros y espectrofotómetros de reflexión capaces de integrar el color heterogéneo de un sólido en un único color y definir cuantitativamente sus componentes permitiendo, por tanto, cuantificar hasta pequeñas diferencias de color relacionadas con diferentes variedades o facies, con distintos estados de meteorización o con el efecto de tratamientos superficiales de consolidación, protección o desalación. Cuantitativamente, el color puede expresarse en diferentes espacios o modelos, siendo los más utilizados en el ámbito de las rocas ornamentales el espacio CIELAB y el espacio CIEL*C*h. En el espacio CIELAB, el color viene expresado por tres coordenadas escalares: la coordenada L* expresa la claridad del color (como lo hace el parámetro Value en la escala cualitativa Munsell) y adquiere valores desde 0 (blanco) a 100 (negro); la coordenada a* expresa la variación cromática desde el rojo al verde y la coordenada b* desde el amarillo hasta el azul. El espacio CIEL*C*h está definido por coordenadas cilíndricas: la coordenada L*, la coordenada C*ab (se trata del croma, que da idea de la saturación del color) y la coordenada h la cual, integrada, da idea del matiz o tono del color (Figura 3.2).

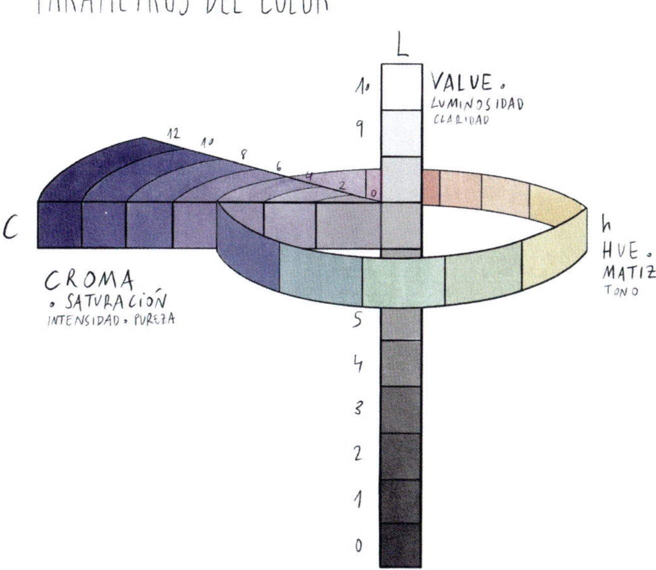

Figura 3.2. Representación de los tres atributos del color: claridad o Valor (Value) (que corresponde a la coordenada L* del espacio CIELAB), saturación o intensidad (que corresponde al parámetro C* o croma) y hue o tono (que corresponde al parámetro h), estos dos últimos del espacio de color CIEL*C*h.

— En segundo lugar, la variabilidad del color viene determinada por la **textura**, que refleja la diversidad de las circunstancias de formación de las rocas. Además de la textura, otros rasgos estructurales a escala de mano, algunos de ellos ya definidos en el Capítulo 1, también son considerados en la valoración estética de las rocas.

En el caso de las rocas sedimentarias clásticas, los rasgos texturales que más influyen en su aspecto y que determinan la gran variedad de este grupo de rocas, muy apreciado ornamentalmente, son la naturaleza de los clastos (terrígenos o biogénicos), su tamaño y forma y sus colores. En las rocas sedimentarias de textura cristalina, el tamaño de los cristales y su color (determinado por la presencia de impurezas) definen la variabilidad estética. En este grupo de rocas sedimentarias, a los factores texturales se les suma los rasgos estructurales que, en el campo de estudio de la génesis, son muy útiles para interpretar los mecanismos y ambientes de depósito. Algunos rasgos estructurales a escala de mano confieren formas muy llamativas a las rocas sedimentarias como pueden ser las estratificaciones, las laminaciones, los ripples, las marcas originadas por bioturbación, los estilolitos, etc.

En las rocas metamórficas ornamentales, el tamaño de grano permite distinguir muchas de las variedades de mármoles y de cuarcitas. Hay otros rasgos estructurales que contribuyen a la estética de estas rocas, como los planos de esquistosidad o foliaciones (en neises principalmente) y las venas o inclusiones laminares de otros minerales (en mármoles y serpentinitas) (Figura 3.3).

Figura 3.3. A la izquierda, detalle de la columna central del cruceiro do Cristo dos Aflixidos, en Covelo, hecho con serpentinita; se aprecian los bandeados de carbonatos teñidos de óxidos de hierro, muy característicos de esta roca. A la derecha, mármol con tonalidades variables y abundantes estilolitos (venas de color gris), usado como pavimento ornamental en la sede de la Cruz Roja de Vigo, antiguo Hospital de la misma organización.

En el caso de las rocas ígneas, la textura está definida por el tamaño de los cristales, su forma y la relación espacial entre unos cristales y otros. En cuanto al tamaño, una cristalización rápida origina rocas de grano fino (diámetro menor de 1mm) a grano medio (1mm-1cm), y una cristalización lenta del magma origina rocas de grano grueso (1-3 cm) o muy grueso (mayor de 3 cm). En función de la relación de tamaños entre unos y otros granos, las rocas graníticas pueden ser isogranudas como *Gris Morrazo* o *Blanco Cristal* (Figura 3.1), o porfiroides, es decir, aquellas en las que predominan fenocristales, generalmente de feldespato potásico, incluidos en una masa de grano más fino: *Perla Kaxigal, Rosavel* o *Parga* (Figura 3.1). En función de la distribución y relación de unos minerales con respecto a otros, las rocas graníticas son más o menos homogéneas (es decir, no se adivina orientación alguna), como la mayoría de los granitos y granodioritas tardías, o pueden presentar una orientación evidente de los minerales (como el granito *Parga orientado*, Figura 3.1), llegando a poseer texturas neísicas, muy orientadas, como ocurre en algunos granitos *del país*.

La textura, tanto en lo que se refiere al tamaño de los granos como a su orientación, tiene mucha influencia en la cuantificación del color antes comentada. Así, en rocas granudas, el número de medidas de color a realizar por unidad de superficie deberá ser mayor cuanto más grueso es el tamaño de grano[25].

Otros rasgos que podemos observar en las rocas graníticas a escala de afloramiento son la existencia de enclaves, filones, gabarros, pelos, mineralizaciones (pirita), segregaciones de oxihidróxidos de hierro, orientaciones de fluidez, etc.; estos aspectos relacionados con la estructura de las rocas, pueden ser valorados estéticamente pero generalmente son considerados por el sector de las rocas ornamentales como accidentes que reducen el rendimiento de las canteras llegando incluso a su inexplotabilidad si su frecuencia de aparición es muy elevada.

2 Características técnicas

Las rocas deben cumplir una serie de requisitos técnicos, los cuales se determinan previamente a la apertura de la cantera y a medida que progresan los frentes si esta se abre, ya que estas características definen la calidad de las rocas como materiales constructivos.

El aspecto que determina en mayor medida la aptitud técnica de las rocas ornamentales es la **porosidad** o el volumen de espacios vacíos que posee la roca. Esta propiedad influye en el comportamiento mecánico: cuanto más poroso sea un material, menor será su resistencia mecánica; por esta razón, es indispensable conocer su valor. Además, este parámetro determina la susceptibilidad de las rocas a la meteorización en el medio natural y al deterioro en los edificios, ya que a través de los espacios vacíos es por donde circula el agua, que es el vehículo a través del cual actúan la mayoría de los factores de alteración. Por estas razones, no es recomendable escoger una roca muy porosa para la construcción, aunque sea muy bonita.

Existen dos modelos de porosidad en materiales rocosos: medios fisurados y medios porosos[26]. En los *medios fisurados*, los poros son de morfología planar (y re-

---

25 Prieto y col. (2008). Una metodología eficaz para la caracterización del color por medidas de contacto en rocas graníticas. Óptica pura y aplicada, 41 (4) 389-396 (2008)

26 Esbert y col. (1997). Manual de diagnosis y tratamiento de materiales pétreos y cerámicos. Collegi d'Aparelladors i Arquitectes Tècnics de Barcelona (ed.).

ciben el nombre de fisuras) y suelen estar bien comunicados entre sí; las rocas con este tipo de espacios vacíos suelen tener valores de porosidad bajos (alrededor de 1% si no están meteorizadas). Este es el tipo de porosidad de las rocas ígneas (granitos) y metamórficas (cuarcitas, pizarras, esquistos, neises y mármoles) que tienen en común una textura granuda o cristalina (Figura 3.4). El otro modelo, el *medio poroso*, se caracteriza por poros de formas equidimensionales (denominados poros) que están comunicados entre sí por conductos (accesos) de sección mucho más estrecha; esta configuración determina un grado de comunicación más variable que la de los medios fisurales. Los medios tipo poro son típicos de las rocas sedimentarias (Figura 3.4), que pueden llegar a tener porcentajes de porosidad mucho más elevados (alrededor del 20%) que las rocas que se ajustan a un modelo fisural. Hay rocas sedimentarias, sin embargo, que tienen espacios vacíos que se ajustan a ambos modelos, por ejemplo, las brechas o pudingas de clastos de tamaño grava y naturaleza ígnea o metamórfica: en estos casos, la fase cementante se ajusta a un modelo poroso y el interior de los clastos a un modelo fisural.

En el campo de las rocas ornamentales, es tan importante e interesante conocer el % de poros como su morfología y grado de comunicación. Para esto, existen diferentes métodos y determinaciones. En general, se suele determinar la porosidad accesible al agua o porosidad abierta, es decir, la porosidad que permite el paso del agua, ya que el agua es un factor de deterioro muy importante tanto en el medio natural como en las edificaciones. Desde el punto de vista científico, se suele obtener también la porosidad accesible al mercurio ya que la técnica a través de la cual se determina esta porosidad permite también conocer la distribución de tamaños de poro que es un aspecto que define, entre otros aspectos, la susceptibilidad de las rocas al deterioro por cristalización de sales solubles.

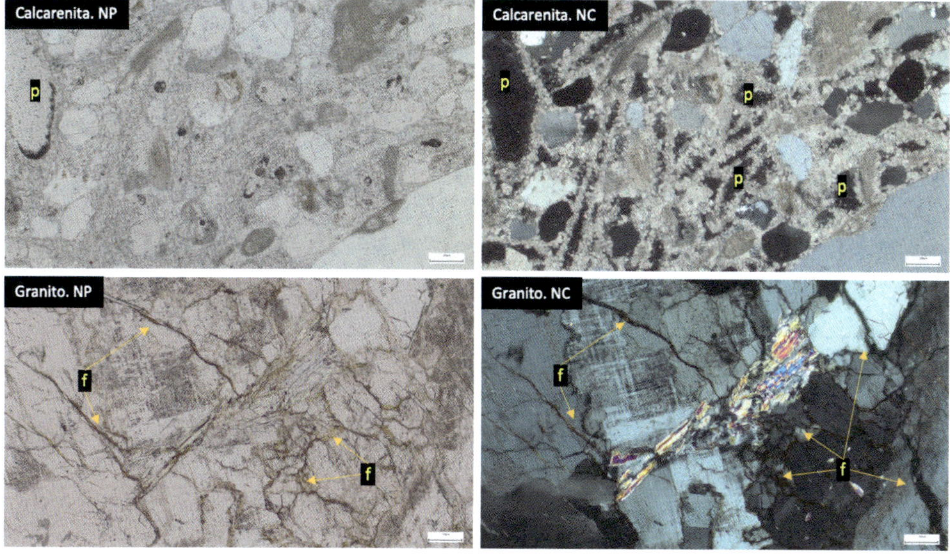

Figura 3.4. Micrografías tomadas con microscopio petrográfico de láminas delgadas de una calcarenita (roca sedimentaria) y de un granito (roca ígnea granuda). En cada caso, se muestra el mismo detalle de la roca con polarizador (NP) y con analizador cruzado (NC). En la calcarenita, los poros (indicados con la letra p) son redondeados o más o menos equidimensionales mientras que en el granito, los espacios vacíos son de tipo fisura (indicados con la letra f), de morfología planar.

La aptitud técnica de las rocas se determina en laboratorio siguiendo unas normas establecidas que son elaboradas en España por el organismo nacional de normalización, la Asociación Española de Normalización (UNE). En la actualidad, las determinaciones y requisitos técnicos que deben reunir las rocas ornamentales para su uso en construcción se agrupan en la serie de normas titulada *Métodos de ensayo para piedra natural.* Algunos de estos ensayos son los siguientes:

- Densidad real y aparente y porosidad abierta y total (UNE-EN 1936:2007). La relación entre ambas densidades da también una idea de la porosidad de la roca, pues la densidad (o peso específico) es el peso por unidad de volumen incluidos los poros y cavidades. Así, cuanto mayor sea la diferencia entre ambas densidades (real y aparente), mayor es la porosidad de la roca. En la Tabla 3.1 se muestran los valores de densidad aparente (y de otros parámetros físicos) de diferentes rocas. La densidad aparente de las rocas graníticas oscila entre 2300-2900 kg/m^3 mientras que la densidad aparente de rocas sedimentarias, más porosas, suele ser menor; esto se refleja en la Tabla 3.1, comparando, por ejemplo, los valores para granitos tardíos, como *Rosa Porriño* o *Rosavel*, con densidades aparentes superiores a 2600 kg/m^3

y porosidades menores del 1%, con los valores para *Piedra Dorada* o *Pedra de Ança*, de más de un 20% de porosidad.

- Absorción de agua a presión atmosférica (UNE-EN 13755:2008). El coeficiente de absorción de agua indica la cantidad de agua que es capaz de absorber la roca por inmersión total durante 48 horas. Cuanto más porosa sea, mayor cantidad de agua absorbe, por lo que un coeficiente elevado indica una porosidad excesiva para una roca destinada a la construcción. Así, el coeficiente de absorción de agua idóneo para rocas usadas en construcción oscila entre 0.07% y 0.5% pero hay rocas ornamentales que poseen un coeficiente más alto. Así, en la Tabla 3.1 se pone de manifiesto la relación directa que hay, generalmente, entre la porosidad accesible al agua y el coeficiente de absorción de agua a presión atmosférica.

- Resistencia al choque térmico (UNE-EN 14066:2014). Una roca colocada en el edificio va a estar sometida a cambios de temperatura debidos a los ciclos térmicos diarios o a episodios más o menos drásticos de insolación o de fuego. Cada ciclo de temperatura supone un estrés en la roca ya que esta, en respuesta, sufre una contracción y una posterior dilatación, lo que induce a una disrupción de su matriz y a la formación de fisuras. Las rocas poliminerales silicatadas, como el granito, son especialmente susceptibles a los contrastes térmicos, pues el cuarzo tiene un coeficiente de expansión muy diferente al de los otros minerales. Por esta razón es importante determinar el comportamiento de las rocas frente a la temperatura.

Nombre comercial	Clasificación	Textura	D.A. (kg/m^3)	P.A. (%)	Wa (%)	R.F. (MPa)
Granitos						
Albero	Monzogranito	Grano medio	2590	2,6	0,9	8,9
Amarillo Atlántico	Monzogranito	Grano fino	2580	3,0	1	10,7
Silvestre Costa Grande	Monzogranito	Grano fino, orientado	2520	5,2	1,7	8,0
Gris Perla	Monzogranito	Grano grueso	2560	0,1	0,3	11
Grissal	Sienogranito	Grano medio a grueso	2639	1,1	0,4	16,6
Rosa Porriño	Sienogranito	Grano medio a grueso	2610	0,9	0,3	12,8
Rosavel	Monzogranito	Grano grueso	2630	0,9	0,3	11,5
Calizas y mármoles						
Brecha de Tavira (PO)	Caliza dolomítica bioclástica	Bioclástica	2700	0,7	0,2	
Pedra de Ança (PO)	Caliza bioclástica	Bioclástica	2100	20	9,6	4,9
Lioz (PO)	Caliza bioclástica	Bioclástica	2700	0,3	0,1	14,4
Moca Creme (PO)	Caliza bioblástica	Bioclástica	2430	8,5	3,6	9,7
Caliza Piedra Dorada	Calcarenita bioclástica	Bioclástica	1798	27	15,5	4,5
Piedra de Novelda	Biocalcarenita	Bioclástica	2260	17	5,4	11,1
Marrón Imperial	Dolomita brechoide	Clástica	2720	0,31	-	10,4
Marrón Emperador	Caliza dolomítica	Cristalina	2720	1,35		9,18
Rojo Alicante	Caliza fosilífera; biomicrita	Bioclástica	2680	0,65	0,34	11,46

Tabla 3.1. Algunas propiedades físicas de rocas ornamentales (granitos, calizas y mármoles). D.A.: densidad aparente y P.A.: porosidad accesible al agua (UNE EN 1936:2008). Wa: coeficiente de absorción de agua (UNE EN 13755:2008); R.F.: resistencia a flexión. Información sacada del Catálogo de granitos de Galicia (Centro Tecnológico de Galicia), del *Portal de Rochas Ornamentais Portuguesas* (https://geoportal.lneg.pt/pt/bds/rop/), de Benavente y col. 2000, García del Cura y col. 2004 y de Fort y col. 2002.

— Resistencia a la heladicidad (UNE-EN 12371:2011). El deterioro producido por la expansión volumétrica del agua al congelarse en el interior de los poros de las rocas es un fenómeno muy extendido en zonas frías donde el fenómeno de hielo-deshielo ocurre frecuentemente. En Galicia no tiene especial importancia salvo en áreas de influencia de clima continental. Las rocas consideradas heladizas tienen módulos superiores a 0.5%. Las no heladizas (la mayoría de los granitos ornamentales gallegos) tienen módulos que oscilan entre 0.01 y 0.5%. La resistencia a la heladicidad depende del porcentaje de porosidad y de la geometría del espacio poroso, propiedades de las rocas que determinan los factores que tienen más influencia en la susceptibilidad a sufrir deterioro por hielo-deshielo, que son la resistencia mecánica, el coeficiente de absorción de agua y la facilidad del transporte del agua a través de los poros.

— Resistencia mecánica. Gran importancia desde el punto de vista constructivo tiene la resistencia mecánica. El conocimiento de la resistencia mecánica de las rocas es muy importante para saber si una vez puesta en obra, la roca puede hacer frente a las cargas a las que va a estar sometida. Los ensayos que se determinan son, entre otros, la resistencia a compresión y a flexión, la resistencia al impacto y la resistencia al desgaste por rozamiento, todos ellos normativizados en normas UNE EN.

En la resistencia mecánica de las rocas influyen la textura (tamaño de grano y presencia de fenocristales), la composición mineralógica, la estructura (especialmente la orientación mineral, estratificación o esquistosidad), la porosidad (porcentaje de porosidad total) y el grado de meteorización. En la Tabla 3.1 se muestra la resistencia a flexión de diferentes rocas ornamentales ígneas (granitos de diferente textura) y sedimentarias (algunas de ellas ligeramente metamorfizadas). Se puede comprobar que, en términos generales, la resistencia a flexión es inversamente proporcional a la porosidad: el valor más bajo entre las rocas indicadas en esta tabla es de 4,5 MPa que corresponde a una roca con un 27% de porosidad (*Caliza Piedra Dorada*), mientras que el valor más alto de resistencia a flexión, 16,6 MPa, corresponde a una roca con un 1,1 % de porosidad (*Granito Grissal*).

Los valores más comunes de resistencia a compresión de los granitos ornamentales oscilan entre 1100 y 3000 kg/cm^2 (107-294 MPa) mientras que la resistencia a flexión es un orden de magnitud menor, entre 125-170 kg/cm^2 (12-16 MPa). Entre los granitos, también se cumple, en términos generales, que cuanto más elevada es la porosidad más baja es la resistencia mecánica: en la Tabla 3.1, esta relación se confirma comparando, por ejemplo, los valores de resistencia de los granitos *Gris perla* y *Silvestre Costa Grande*. También suele ocurrir que cuanto mayor es el tamaño de grano, menor es la resistencia mecánica. Esto se constata también en la Tabla 3.1, comparando, por ejemplo, los datos para los granitos silvestres *Amarillo Atlántico* y *Albero*: el granito *Amarillo Atlántico* es ligeramente más poroso que el granito *Albero* (3% frente a 2,6%) pero, sin embargo, es ligeramente más resistente a flexión; eso es así porque el tamaño de grano del *Amarillo Atlántico* es fino y el de *Albero* es medio-grueso. También los granitos de textura porfiroide suelen resistir menos que los de textura isogranular a igual porosidad y mineralogía (puede constatarse comparando los valores para el granito *Rosavel* y los granitos *Rosa Porriño* y *Grissal*). Si el granito posee mineralizaciones o recubrimientos de oxihidróxidos de hierro en las fisuras, la resistencia mecánica, sin embargo, se ve incrementada.

Otras características físicas no normativizadas pero que es interesante conocer, sobre todo a la hora de la elaboración de productos de roca ornamental, son su trabajabilidad y la resistencia a los anclajes.

3 Características estructurales

Si la roca cumple todos los requisitos estéticos y mecánicos, hay que ver si sus características estructurales permiten que su explotación sea rentable. Estas características se valoran en el afloramiento rocoso.

En primer lugar, hay que considerar el grado de discontinuidad del afloramiento. El término discontinuidad hace referencia a todas aquellas estructuras con geometría más o menos planar que rompen la continuidad de la masa rocosa, tales como fracturas, fallas, diaclasas, bandas de cizalla, diques, venas, etc.

En el caso de rocas metamórficas, la dirección y buzamiento de planos de esquistosidad (y también de su intersección con los planos de estratificación de las rocas sedimentarias de origen) marcan la dirección de apertura de los frentes y de extracción de la roca, pues suelen ser direcciones y planos a través de los cuales la roca es menos resistente mecánicamente; así, el arranque por voladura y el corte por hilo diamantado se realizan inicialmente aprovechando estos planos de debilidad. Igualmente, el dimensionamiento posterior de los bloques procedentes de cantera en la planta de elaboración, para obtener los productos finales, se realiza siempre teniendo en cuenta la dirección de estos mismos planos. En las rocas sedimentarias se aprovechan también los planos de estratificación, por la misma razón, para abrir los frentes de cantera por las diferentes técnicas y para dimensionar los bloques, tanto en cantera como en planta de elaboración.

En rocas graníticas, la red de dicaclasado suele estar definida por una familia de diaclasas subhorizontales y dos o tres familias de diaclasas subverticales. Las diaclasas subhorizontales suelen decrecer en profundidad y suelen ser debidas al efecto de la descompresión que sufre el plutón a medida que aflora en superficie.

En el estudio de las discontinuidades se tienen en cuenta la orientación, en función de la cual se establecen familias de discontinuidades, y también la extensión (también llamada persistencia o continuidad), el espaciado, la apertura y la resistencia mecánica de los planos de junta. Este sistema de discontinuidades es uno de los principales condicionantes de la explotabilidad de un granito ornamental ya que delimita el tamaño y forma de los bloques naturales, entendiéndose por bloque natural la masa de roca limitada por superficies de discontinuidad y que no es cortada por ninguna de ellas. Al determinar el tamaño del bloque, las discontinuidades determinan no sólo la explotabilidad y el rendimiento de una cantera sino también el método de explotación. Las rocas graníticas poseen además de su sistema de discontinuidades, generalmente visibles en afloramiento, otro sistema de planos que determinan que a través de ellos la roca ejerza menos resistencia a esfuerzos mecánicos, los cuales, en consecuencia, se toman en consideración a la hora de diseñar la explotación y arranque de la roca en yacimiento[27]. Este sistema de planos determina el andar de la roca. Su origen y relación con la fábrica de la roca no están muy claros, ya que a veces coinciden con una orientación mineral evidente y otras no; al menos, en lo que respecta a los granitos silvestres de Galicia, no se ha encontrado relación entre el andar y la orientación de ningún mineral[28]. El Instituto Tecnológico y Geominero de España[29][30] define el andar como un plano de corte favorable con una dirección determinada. En el ámbito de la explotación tradicional de granito, el andar es un plano que generalmente coincide con el levante o superficie horizontal del afloramiento (aunque no siempre) y es perpendicular a la plomada o plano vertical; la piedra levanta o abre mejor por el plano del andar. En el contexto de la explotación de granito actual, se habla de dos direcciones ortogonales entre sí, plomo y trinco, que determinan el plano de aserrado (o andar); la tercera dirección perpendicular a estas es la vertical. El plano de aserrado se utiliza para cortar la planchas o chapas de granito porque opone menos resistencia a los telares. También parece existir coincidencia en cuanto a que este plano de aserrado o andar es paralelo al levante o plano horizontal de la cantera.

Para los escultores y canteros artesanos que labran la piedra, el andar no es un plano, sino un sentido: la piedra se debe tallar siempre según el andar pues si se trabaja a la contra (es decir, en sentido contrario, aunque sea en el mismo plano), los cristales se

---

27. Ferrero Arias y col (2017). Aplicación práctica de la metodología de caracterización geológico-minera al yacimiento de granito "Rosa Porriño" (Galicia, España). Cartografía de calidades y estimación y distribución de reservas para la planificación de su explotación. Boletín Geológico y Minero, 128 (2): 451-466 ISSN: 0366-0176 DOI: 10.21701/bolgeomin.128.2.012

28. Rivas, T. (1996). Mecanismos de alteración de las rocas graníticas utilizadas en la construcción de edificios antiguos de Galicia. Tesis doctoral. Servicio de Publicaciones e Intercambio Científico. Universidad de Santiago. 368 pp.

29. Instituto Tecnólogico y Geominero de España (I.T.G.E.) (1991). Estudio metodológico para la valoración de las canteras de granito en bloques. Aplicación a una zona de Galicia.

30. Instituto Tecnólogico y Geominero de España (I.T.G.E.) (1992). Rocas ornamentales de España. 2ª Edición.

fisuran, la piedra se resquebraja y areniza y la superficie queda más áspera. El corte manual hecho a favor del andar es más liso, mientras que a la contra es irregular.

Este carácter estructural, ya sea visible o no, condiciona en gran medida la respuesta mecánica de las rocas graníticas: los valores de resistencia mecánica determinados en distintas direcciones con respecto a un mismo plano de referencia (incluso en rocas graníticas aparentemente isótropas, no orientadas) da resultados muy diferentes, tal como se puede observar en la Figura 3.5. Los datos que se representan, y que están extraídos de [31], corresponden a la resistencia a flexotracción de siete granitos gallegos: los granitos RS y F, ambos extraídos de canteras históricas cercanas a Santiago de Compostela (lugares de Roan y Figueiras); los granitos BS y BA, extraídos en el Monte Baleante de la península del Barbanza y que constituyen el material constructivo del Centro Galego de Arte Contemporánea de Santiago de Compostela; el granito AX, procedente de Axeitos (Ribeira), con el que está construido el Dolmen de Axeitos y, finalmente, los granitos SMP y PM que proceden de fábrica de cantería de San Martín Pinario y del Pazo de Monroi de Santiago de Compostela, respectivamente. Todos estos granitos, salvo el granito AX, se clasifican como granitos de feldespato alcalino y son precoces (es decir, son *granitos del país*) mientras que el granito AX se clasifica como una granodiorita biotítica con megacristales (IGME, 1981)[32]. De todos estos granitos se determinó la resistencia a flexotracción aplicando la carga de dos maneras: paralelamente a los planos de andar y perpendicularmente a dichos planos. Los valores de resistencia a flexotracción obtenidos en una u otra dirección son diferentes (estadísticamente, las diferencias en todos los casos son significativas), de manera que la resistencia a flexión, cuando se aplica la carga perpendicularmente al plano de andar, puede ser el doble del valor obtenido cuando la carga se aplica paralelamente a estos planos. A compresión, la resistencia también es más alta si el esfuerzo se aplica paralelamente a dichos planos, aunque esta influencia, en el caso de este tipo de solicitación, es más débil cuanto mayor es el grado de meteorización de la roca.

---

31 Rivas y col. (2000). Influence of rift and bedding planes on the physico-mechanical properties of granitic rocks. Implications for the deterioration of granitic monuments. Building and Environment 35, 387-396.

32 IGME (1981). Mapa Geológico de España, E 1:50.000 Serie Magna. Hoja 151. Puebla del Caramiñal.

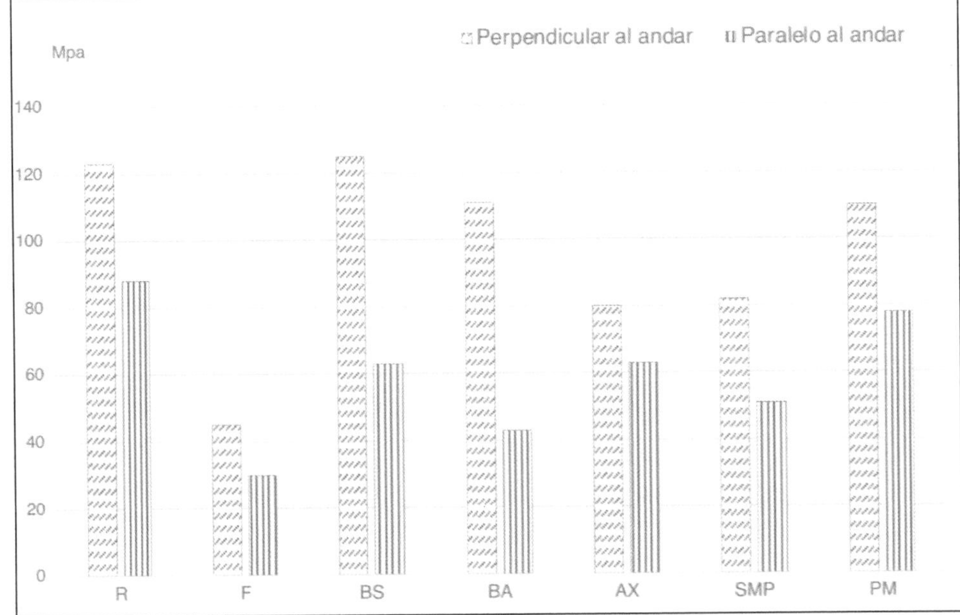

Figura 3.5. Resistencia a flexotracción (Mpa) de siete granitos gallegos usados en diversos bienes culturales, obtenida aplicando la carga perpendicularmente a los planos de andar y paralelamente a los planos de andar. Sacado de Rivas y col. 2000). R: granito de la localidad de Roan (Santiago de Compostela); F: granito de la localidad de Figueiras (Santiago de Compostela), BS y BA: granitos de la localidad de Baleante, en su facies sana –S- y alterada –A-. AX: granito de Axeitos. SP. granito de un sillar extraído de San Martín Pinario (Santiago de Compostela). PM: granito de un sillar extraído del Pazo de Monroi (Santiago de Compostela).

Aspectos relacionados con la explotación, elaboración y puesta en obra que condicionan la calidad y durabilidad de la roca

La piedra, cuando se utiliza como material de construcción, se somete a una serie de operaciones que pueden contribuir grandemente a incrementar su deterioro. Estas operaciones tienen lugar durante la explotación de la roca (operaciones de extracción) y durante su elaboración para obtener diferentes productos y acabados superficiales. Otra circunstancia que también tiene consecuencias en la durabilidad de la piedra es la colocación de los bloques en el edificio de forma incorrecta o inadecuada.

Explotación y elaboración de roca ornamental

En la antigüedad la extracción de los bloques de piedra se hacía mediante la introducción de estacas de madera en ciertos planos (de exfoliación, de estratificación o de descompresión); la madera se humedecía, de este modo hinchaba y producía la separación de los bloques. Posteriormente en Grecia y Roma se empezaron a utilizar herramientas metálicas con las que se realizaban surcos en la piedra para introducir las estacas, lo que permitió extraer bloques de dimensiones específicas incluso en materiales aparentemente isótropos como el granito. No fue hasta el siglo XVII cuando se empezó a utilizar la pólvora para separar bloques.

En todo caso, en la antigüedad se aprovechaban siempre los bancos más superficiales del yacimiento, de ahí que frecuentemente las rocas utilizadas en las construcciones antiguas presentaban un cierto grado de meteorización.

En la actualidad los métodos de extracción y corte de las rocas han cambiado totalmente y permiten acceder a zonas profundas donde la roca está sana.

El rendimiento de las canteras de roca ornamental puede variar enormemente dependiendo de tipo de roca; desde un valor que no suele superar el 10% en las canteras de pizarra (que generan, en consecuencia, un gran volumen de estéril) hasta valores que pueden alcanzar el 90% en las canteras de granitos ornamentales escasamente fisurados, que en Galicia suelen corresponder a los granitos y granodioritas tardías (ver Capítulo 2). El grado de diaclasado y la presencia de heterogeneidades texturales son los factores que determinan en gran medida este aprovechamiento[33,34] y, así, el rendimiento de las canteras de granitos silvestres (generalmente más fisurados y heterogéneos que los tardíos) suele ser sensiblemente más bajo.

El método de explotación depende del tipo de roca ornamental, siendo el grado de diaclasado del macizo, la dureza y abrasividad de la roca y la existencia de planos de esquistosidad, estratificación o andar los parámetros que determinan el tipo de banqueo y el método de corte y dimensionamiento. Las pizarras, rocas bastante blandas con marcados planos de esquistosidad (fisilidad) se cortan inicialmente con hilo diamantado.

En el caso de las rocas ígneas y metamórficas poco diaclasadas, la extracción en cantera se realiza en bloques de dimensiones 10x7x6 metros dando lugar, tras la elaboración, a bloques comerciales de 3x1.5x1.5 metros. Los bloques que no guardan medidas mínimas se destinan a perpiaños, prismas para bordillos, adoquines, árido de machaqueo, etc. En estos casos, el arranque del bloque se realiza en dos fases. En la primera, se realizan cortes mediante hilo diamantado para obtener grandes bloques paralelepipédicos que, tras realizar perforaciones pertinentes, son fragmentados en bloques de tamaño comercial mediante voladuras de contorno.

---

33 Muñoz de la Nava y col. (1989). Metodología de investigación de rocas ornamentales: granitos. Bol. Geol. Min. vol.100-3. 433-453.

34 Toyos, J.M. y col. (1994). Estudio de las discontinuidades en yacimientos de roca ornamental. Bol. Geol. Min. vol.105-1, 110-118.

Desde el punto de vista del deterioro producido, algunos autores[35] señalan que, cualitativamente, no existen diferencias substanciales en cuanto a los métodos de extracción artesanales y modernos, siendo cuantitativamente más deteriorantes los primeros.

En todo caso, durante el proceso de extracción, se debe tener en cuenta la orientación de los planos de debilidad estructural de las rocas, factor que va a influir en gran medida en la tecnología extractiva y en el aprovechamiento, tal como se indicó previamente en este capítulo. Estos planos de debilidad corresponden a los planos de esquistosidad en las rocas metamórficas, a los planos de estratificación en el caso de las rocas sedimentarias y, en el caso concreto del granito, el plano de andar.

Tras la extracción, se procede a manipular los bloques de roca ornamental para obtener productos elaborados de diferentes dimensiones para usos variados: losas, perpiaños, sillares, pilares, etc.

La gran mayoría de las edificaciones antiguas gallegas de importancia como son las catedrales e iglesias y también muchos edificios civiles, están construidos en sillería granítica a hueso, esto es sin argamasa entre los sillares; frecuentemente entre ellos se encuentran lajas muy finas de pizarra o conchas planas de vieiras, que ayudaban a asentar los bloques. Los sillares son bloques prismáticos cuyas dimensiones más frecuentes son unos 45 cm de profundidad, otro tanto de altura y 60 cm de longitud, aunque estas medidas no son fijas.

Hay una cierta confusión en el uso del nombre de perpiaño: a veces se usa como sinónimo de sillar si bien se trata en realidad de bloques que no cumplen las dimensiones de un sillar respecto a su longitud y espesor: suele tratarse de piezas más delgadas y esbeltas, de menor espesor que un sillar (15-20 cm), 45 de altura y longitud variable. Los sillares y/o perpiaños tradicionales son piezas hendidas que se cortaban de los bloques de mayor tamaño en los obradoiros o talleres a pie de cantera. El corte se hacía mediante cuñas de madera con la ayuda de herramientas metálicas (Figura 3.6). En este dimensionamiento se tiene en cuenta la orientación de los planos de debilidad; en el caso del granito, los profesionales de la cantería, conociendo muy bien la posición del andar, pueden obtener piezas de considerable esbeltez, como los postes que se usan tradicionalmente para sostener las parras de viñedo (Figura 3.6).

35 Lazarini, L.; Tabasso, M.L. (1986). Il restauro della pietra. CEDAM-Casa Editrice Dott. A. Milani. Padova, 320 pp.

Figura 3.6. operación de dimensionamiento de un bloque de granito mediante técnicas manuales (cuñas y maza). A la derecha, perpiaños obtenidos mediante corte manual de un granito, usados como postes de viña.

Finalmente, para el acabado superficial, se emplean diversas técnicas, muchas de ellas ya automatizadas: aserrado (acabado uniforme, liso y mate con que queda el granito tras su paso por la sierra), apomazado (consiste en pasar sobre la superficie de la piedra distintas muelas con abrasivos de grano decreciente), abujardado (acabado rústico, similar al de la cantería tradicional), pulido (acabado obtenido por la aplicación de muelas abrasivas de granos decrecientes hasta conseguir una superficie con brillo, plana y lisa) y flameado; este último acabado se consigue haciendo pasar sobre la superficie del granito una vez aserrado, una llama que alcanza temperaturas superiores a 2500°C: el choque térmico produce el salto de los granos de feldespato, dando un aspecto final rugoso y vítreo, con efectos cromáticos característicos.

Un aspecto para tener en cuenta es que, durante la labra de las rocas ornamentales, el impacto de la herramienta produce un incremento en la fisuración tanto más profundamente cuanto más fuerte sea el impacto, y, como consecuencia, se produce un aumento de la porosidad que facilita la penetración del agua y de otras disoluciones. En granitos ornamentales gallegos, se ha constatado[36] que el impacto de la herramienta durante el abujardado manual incrementa la permeabilidad al vapor debido a la formación de nuevas fisuras en los primeros 1,5 mm superficiales por efecto del golpe de la herramienta (Figura 3.7).

---

36 Rivas, T. (1996). Mecanismos de alteración de las rocas graníticas utilizadas en la construcción de edificios antiguos de Galicia. Tesis doctoral. Servicio de Publicaciones e Intercambio Científico. Universidad de Santiago. 368 pp.

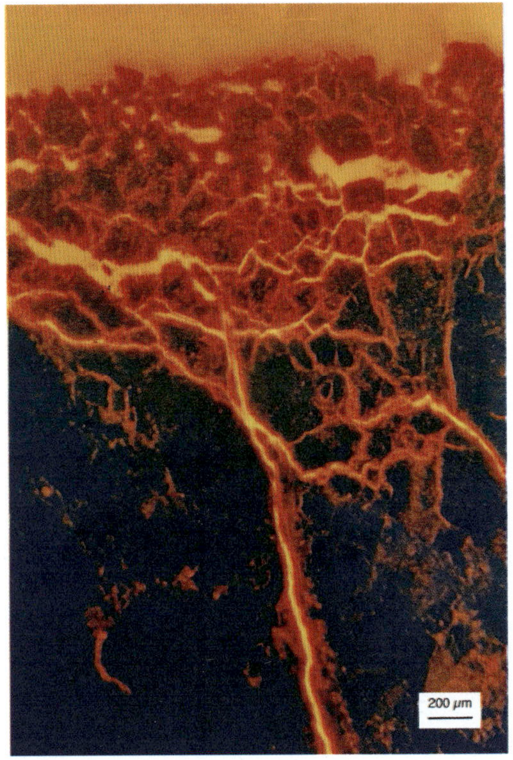

Figura 3.7. micrografía tomada con microscopio óptico con luz fluorescente de la sección transversal de un granito abujardado. Los granos minerales de la roca se ven de color negro y las fisuras de color rojo-anaranjado. La densidad de fisuración es muy elevada hasta 1,5 mm de profundidad; estas fisuras están provocadas por el impacto de la herramienta (sacado de Rivas, 1996).

Puesta en obra

En una obra arquitectónica se deben emplear rocas que reúnan las condiciones necesarias para el fin que se le vaya a dar. La mayoría de los problemas estructurales que afectan a los edificios, antiguos y modernos, tiene su origen en la incorrecta colocación de las piezas sin tener en cuenta la carga o peso que van a soportar en relación con su resistencia[37]. El granito, cuando está perfectamente sano, es muy resistente y duro y su extracción resulta difícil y costosa. Muy a menudo, para salvar este inconveniente, los canteros o constructores seleccionan para sus obras grani-

---

37 Winkler, E.M. (1975). Stone: properties, durability in man's environment. Springer- Verlag (Ed.) 2nd Ed. 230 pp.

tos algo alterados, elección que tiene consecuencias nefastas, ya que la piedra es más susceptible a la alteración.

Es importante la colocación del material rocoso en el edificio respetando su disposición original en la cantera. Igualmente, es importante que las piezas rocosas se coloquen en las edificaciones con sus planos de esquistosidad (caso de las rocas metamórficas) en la posición más favorable desde el punto de vista de la resistencia mecánica. Si se trata de esfuerzos de compresión, las rocas con planos de esquistosidad suelen ser más resistentes si la carga se aplica paralelamente a dichos planos, mientras que a flexotracción, la resistencia es más alta si el esfuerzo se aplica perpendicularmente a dichos planos. Respecto a los granitos, la influencia de orientación de los planos de andar en la resistencia mecánica ya se discutió en un párrafo anterior y se refleja en la Figura 3.5.

En las rocas graníticas, el andar condiciona también la colocación de los bloques en el edificio. Así, los profesionales en este campo dicen que el plano del andar, coincidente generalmente con el del levante, se coloca siempre como cara vista de un sillar o placa de revestimiento, salvo que la pieza vaya a trabajar a flexión: en este caso, los planos de andar o levante deben ir siempre colocados paralelamente a la superficie horizontal de carga.

Otro aspecto importante que considerar a la hora de colocar las piezas en el edificio es la elección idónea del método. En el caso de placas de revestimiento, los procedimientos más habituales son colocar las losas unidas con mortero o ancladas a la pared por medio de grapas o ganchos. Si se opta por el primer procedimiento, la roca debe tener una porosidad y contenido de agua crítico bajos para permitir el secado del cemento. En el segundo, la resistencia mecánica de la roca y la naturaleza de los anclajes deben ser considerados.

Muchas roturas, fisuras, desestabilizaciones estructurales, manchas cromáticas y presencia de sales tienen su origen en el uso de materiales poco estables químicamente. En este sentido, el uso del hierro produce efectos desastrosos pues sufre un aumento considerable de volumen cuando se corroe, al pasar a Fe III. El bronce es origen de sales solubles, además de provocar cambios indeseables de color, que son resultado de la reacción entre los productos de corrosión de este metal con los contaminantes atmosféricos.

En general, el uso de materiales solubles en agua, o que pueden ceder sales solubles, es causa de deterioro, como sucede con los morteros, revestimientos, enlucidos, estucos y cementos. También la colocación de piezas de materiales rocosos de muy diferente susceptibilidad al deterioro en un mismo edificio (por ejemplo, calizas y granitos) o el uso de rocas con inclusiones o impurezas inestables (minerales de hierro, fósforo, etc.) es desaconsejable.

La hidrofugación o consolidación de las superficies en el momento de la puesta en obra puede suponer, también, un factor de deterioro, pues no es muy rara su aplicación sobre la piedra, o los morteros de unión, todavía húmedos. Esto puede dar lugar a manchas indeseables muchas veces imposibles de solucionar (Figura 3.8).

La arquitectura del edificio es otro factor a tener en cuenta. Un mal diseño de una fachada puede ser causa de futuras lesiones. Se debe tener en cuenta, además de criterios estéticos, detalles constructivos que resulten adecuados para evitar que el agua discurra libremente por las paredes y para evitar estancamientos. Para ello se deben diseñar elementos arquitectónicos de protección, de recogida y drenaje de agua. Todo para evitar la múltiple acción deteriorante del agua en los edificios.

Figura 3.8. Cubierta pétrea de la Catedral de Santiago de Compostela, tras su reposición del año 2021. En el granito de la cumbrera se aplicó un hidrofugante para ralentizar la colonización biológica. Esta labor se realizó sin proteger las losas de cubierta por lo que algunas zonas se impregnaron con hidrofugante. Al cabo del tiempo se formaron manchas irregulares resultado de la colonización biológica en las zonas no impregnadas con el hidrofugante.

Capítulo 04
Formas de alteración del granito en monumentos

La alteración de la piedra en los edificios. Caso particular del granito. Formas de alteración más comunes en los monumentos graníticos.

Antes de abordar los aspectos relativos a la alteración de la piedra en los edificios es imperativo hacer alguna puntualización en cuanto a los términos a usar en el presente capítulo tales como alteración, deterioro y meteorización ya que se emplean en muchos casos como sinónimos, aunque su significado no es exactamente el mismo. En este libro, se emplearán estos términos siguiendo el Glosario ilustrado de formas de deterioro de la piedra publicado por ICOMOS (2011)[38]:

Alteración: Modificación del material que no implica necesariamente un empeoramiento de sus características desde el punto de vista de la conservación.

Deterioro: Proceso que conduce a una disminución o depreciación de la calidad, valor, carácter, etc.

Meteorización: Cualquier proceso químico o mecánico, por el que las rocas expuestas al intemperismo sufren cambios en sus características y se deterioran.

Así, la diferencia entre los términos *alteración* y *deterioro* reside en si la modificación supone una depreciación o no, usándose deterioro cuando la modificación sufrida implica una pérdida de valor o calidad. El término *meteorización* también se emplea cuando ocurre una modificación del material, pero es más específico que el término deterioro, ya que únicamente debe emplearse cuando dicho deterioro es provocado por el intemperismo, lo que restringe su uso a los casos de deterioro en el medio natural más que en el medio constructivo.

---

38 ICOMOS (2011). Glosario ilustrado de formas de deterioro de la piedra. Comité Internacional de la Piedra de ICOMOS. Paris. 82 pp.

Así mismo, los términos *forma de alteración* y *patología* se emplean como sinónimos para denominar los diferentes síntomas o manifestaciones de los procesos de alteración y/o deterioro que han afectado a la piedra u otros materiales.

86

La alteración de la piedra en los edificios. Caso particular del granito

El granito es una roca ígnea formada en zonas profundas de la corteza terrestre por enfriamiento del magma, de manera que cuando aflora a la superficie queda sometido a un ambiente superficial muy diferente de aquel en el que se formó. Así, al entrar en contacto el granito con la hidrosfera, la atmósfera y la biosfera, se ven favorecidas una serie de reacciones físicas y/o químicas que dan lugar a transformaciones graduales de la roca. Este es el proceso de meteorización, proceso inexorable y que afecta a todas las rocas expuestas a la intemperie cualquiera que sea su situación, es decir, tanto en el medio natural como en una edificación.

En la meteorización de una roca, tan importantes son las condiciones del medio como las características de la roca. En el caso de las rocas graníticas, las principales características según las cuales se puede deducir su comportamiento frente a la meteorización son, además de su composición mineralógica, su textura, su alta compacidad y resistencia mecánica, y la fracturación y fisuración que presenta como resultado de la descompresión que sufre en su ascenso a la superficie terrestre[39].

Los principales procesos que gobiernan la meteorización física del granito en el medio natural dando lugar a su fragmentación son: la descomprensión por descarga al erosionarse la masa rocosa suprayacente (en este caso se trata de diaclasas, es decir fracturas sin desplazamiento), el desarrollo de cristales dentro de la roca, como pueden ser cristales de hielo o de sales, así como el desarrollo de estructuras vegetales, como raíces, aprovechando fracturas preexistentes.

En cuanto a la meteorización química del granito, esta comprende un grupo de procesos que afectan a los minerales constituyentes, entre los que la hidrólisis es el proceso más importante. Este proceso, que ocurre como resultado de la interacción de los silicatos con el agua, da lugar a la descomposición de minerales, liberación de cationes metálicos (potasio, sodio y calcio) por sustitución por los iones hidrogeno y recombinación de los cationes liberados con iones hidroxilo, dando lugar a la neoformación de minerales. Sin embargo, no todos los minerales tienen la misma susceptibilidad a la hidrólisis, siendo aquellos que se han formado en condiciones de temperatura más elevada (serie de Bowen, capítulo 1), los más susceptibles. Así, en las rocas graníticas, los feldespatos y las micas, especialmente la biotita, son los

---

39 Delgado Rodrigues (1993). Unknowns and problems relate to the study of granitic rocks and their approach in the STEP projects. En : Alteración de granitos y rocas afines. M.A. Vicente, E. Molina & V. Rives (eds.) C.S.I.C. Madrid . 67-73.

minerales más susceptibles de sufrir hidrólisis, mientras que el cuarzo y la moscovita pueden permanecer prácticamente inalterables.

La hidratación es otro de los procesos de meteorización química que ocurre en el granito. Consiste en la inclusión de moléculas de agua en la estructura cristalina. Entre los minerales del granito, en el medio natural, la biotita puede sufrir este proceso de hidratación transformándose a hidrobiotita, sin embargo, no es frecuente en granito puesto en obra. Este proceso adquiere relevancia en edificaciones graníticas en las que están presentes las sales, ya que estás son muy susceptibles a la hidratación.

Otro proceso de meteorización química que no afecta directamente (o por sí solo) al granito, pero sí a las edificaciones graníticas con presencia de otros materiales como por ejemplo morteros, y también sales, es la disolución. Se trata de un proceso químico provocado por la polaridad del agua que atrae a los iones de las caras externas de los cristales, resultando en el desmoronamiento de los minerales. En realidad, la disolución en el granito ocurre como un proceso posterior a la hidrólisis, pero es un proceso importante en otros materiales solubles presentes en la edificación.

Cabe citar también el proceso de oxidación en el granito como parte de la meteorización química. La oxidación es el proceso mediante el cual los elementos metálicos de los minerales reaccionan con el oxígeno disuelto en agua; el hierro (presente en la biotita) en forma ferrosa se oxida a la forma férrica dando lugar a la coloración parda típica de los granitos meteorizados.

Así mismo, en el caso de presencia de materia orgánica (y agua), debe tenerse en cuenta el proceso de complejación mediante el cual los radicales libres de la materia orgánica reaccionan con los cationes, especialmente los metálicos, complejándolos. Puede ser un proceso de alteración química importante en granitos colonizados por organismos vivos que excretan ácidos orgánicos formadores de complejos, como por ejemplo el ácido oxálico.

De modo general, en cuanto a la meteorización química del granito en el medio natural se pueden destacar los siguientes rasgos[40] :

— Cambios mineralógicos y geoquímicos en etapas tempranas provocados por la alteración de plagioclasas y biotitas al mismo tiempo que tiene lugar un importante lavado de calcio y sodio.

— Transformación de micas a otros filosilicatos 2:1, especialmente vermiculita hidroxialumínica.

— Neoformación de filosilicatos 1:1 (caolinita, haloisita) y gibsita, aunque en ocasiones también ocurre neoformación de clorita, esmectita y goethita.

40 Taboada Rodriguez (1992). Procesos de meteorización de rocas graníticas de Galicia bajo diferentes ambientes edafoclimáticos. Tesis Doctoral. Univ. Santiago de Compostela. 367 pp.

— Presencia de componentes no cristalinos en condiciones de ausencia de materia orgánica.

Así, aunque el granito es considerado una roca dura y resistente, y ciertamente lo es en comparación con otras utilizadas como material constructivo, puede ser muy vulnerable en condiciones en las que los procesos de meteorización, especialmente la combinación de procesos físicos y químicos, estén favorecidos.

En lo que al deterioro del granito puesto en obra se refiere, estudios realizados en más de un centenar de edificios graníticos de Galicia han permitido constatar que desde un punto de vista geoquímico-mineralógico, los granitos presentan en general un grado de meteorización débil y comparable al que presentan en las canteras de las cuales proceden. Esto se interpreta como que la meteorización (particularmente la hidrólisis como mecanismo más importante en las rocas silicatadas) no prosperó o prosperó muy poco desde que la roca fue puesta en obra. Esta afirmación se apoya en el hecho de que incluso en los monumentos más antiguos, por ejemplo, templos románicos con más de 800 años, el granito está escasamente meteorizado.

Ahora bien, muchos monumentos antiguos no fueron construidos con rocas absolutamente sanas sino con rocas ligeramente meteorizadas. Hay que tener en cuenta que, en la antigüedad, para construir edificaciones, se utilizaban generalmente las rocas de los alrededores que no siempre poseían características idóneas, cuyos afloramientos poseían con frecuencia un grado importante de diaclasado y de los que se aprovechaban las bancadas superficiales más fracturadas. Por otra parte, la precariedad de las técnicas de extracción en épocas antiguas y la búsqueda de una mayor facilidad para el trabajado explican la elección de granitos blandos, es decir, ligeramente meteorizados. El uso de ese tipo de granitos es muy común en las partes esculpidas de los monumentos y puede explicar (además de otros factores) por qué frecuentemente las superficies esculpidas se encuentran más alteradas que el resto de la piedra del edificio.

Sin embargo, no es menos cierto que aun cuando la roca esté poco alterada desde el punto de vista químico y mineralógico, muchos monumentos graníticos presentan un deterioro notable. En las edificaciones concurren una serie factores o de circunstancias que potencian los mecanismos de meteorización o se superponen a ellos. El hecho de que la roca esté formando parte de una estructura arquitectónica compleja, sometida a esfuerzos de carga y tensión, en contacto con otros materiales de construcción muchas veces incompatibles y expuesta a condiciones ambientales frecuentemente agresivas (contaminación, vibraciones, etc.), puede incidir en una drástica aceleración de su deterioro. Además, hay que tener en cuenta, tal como se trató en el capítulo 3, que la manipulación a la que es sometida la roca antes de su puesta en obra (corte, trabajado y acabado superficial) pueden ocasionar un incremento de la fisuración y, consiguientemente, un incremento de su vulnerabilidad frente al deterioro. Por otra parte, la colocación en el edificio de la roca en una posición incorrecta (no compatible con la que tenía en el yacimiento) puede provocar tensiones adicionales.

Formas de alteración más comunes en los monumentos graníticos

Se describen a continuación las formas de alteración más frecuentes en las edificaciones antiguas. La gran mayoría se refieren a monumentos graníticos gallegos, pero muchas de ellas se encuentran en edificaciones construidas con otro tipo de rocas (a las que se hará referencia) y en otros lugares, por lo que son generalizables. Hay que señalar que existen muchas otras morfologías sintomáticas o indicativas de procesos de alteración que no se describen aquí porque no han sido observadas en edificios y monumentos de Galicia. Una buena referencia para consultar un catálogo más amplio y general es el Glosario ilustrado de formas de deterioro de la piedra publicado por ICOMOS (2011)[41]

Pérdidas de masa rocosa por desgaste o tracción

Las pérdidas de masa rocosa por desgaste se observan en lugares muy puntuales donde se produce un rozamiento continuado que origina la erosión de la piedra. Naturalmente se pueden dar en cualquier tipo de roca. Ejemplos muy claros de esta patología pueden verse en edificios de Santiago de Compostela localizados en calles estrechas, como el Museo de las Peregrinaciones, la Iglesia de Sta. María Salomé y el Pazo de Fonseca (Figura 4.1).

Mucho más frecuentes son las pérdidas de roca por efecto de un golpe o tracción. Se observan muchas veces en esculturas donde se ha desprendido algún elemento sobresaliente, como una corona, una mano o la nariz (Figura 4.2). En el caso del granito estas roturas están facilitadas sin duda por el hecho de que, como se ha visto (capítulo 3), esta roca posee cierta anisotropía fisural lo que implica la existencia de planos de debilidad o rotura preferente dentro de la masa rocosa.

Grietas o fisuras y fracturas

Son huecos de morfología planar, es decir, planos de separación dentro de la masa rocosa de dimensiones variables. El término fisura se suele utilizar para los huecos más pequeños, de nivel microscópico. El término fractura se utiliza cuando la discontinuidad divide al elemento considerado (sillar, estatua, etc.) en dos partes diferenciadas (Figura 4.3). Frecuentemente estos planos o discontinuidades ya existían

---

41 Ver nota 38.

en la roca cuando se utilizó en la construcción y se fueron abriendo progresivamente; otras veces son provocadas por tensiones que pueden ser debidas a esfuerzos excesivos a los que está sometida la roca en el edificio, a defectos constructivos o al uso de morteros demasiado adhesivos.

90

Figura 4.1. Pérdida de masa rocosa por desgaste o tracción en monumentos localizados en calles estrechas: Museo de las Peregrinaciones, Biblioteca Fonseca e iglesia de Sta. María Salomé en Santiago de Compostela (abril, 2023).

Figura 4.2. Esculturas de Santiago peregrino en la Portada del Pazo de San Xerome (Santiago de Compostela) que ha perdido los elementos salientes (brazo y nariz) (septiembre, 2023).

Figura 4.3. Fractura en un sillar del monasterio de San Martín Pinario en Santiago de Compostela (octubre, 2023).

Se observan con cierta frecuencia fracturas o grietas en dinteles graníticos, proba-blemente porque esta roca posee una baja resistencia a flexotracción que es el es-fuerzo a que se ven sometidas estas piezas. Tres casos ilustrativos de este hecho se observan en las iglesias de Sta. María de Mirallos, Sta. María de Belante y San Vicente de Vitiriz (Figura 4.4), todas ellas en el Camino de Santiago francés. En este último caso, parece evidente que la causa de esta forma de alteración debió ser un movimiento del terreno con la consiguiente desestabilización de las cimentaciones y de los muros.

También son muy frecuentes las grietas producidas por elementos de hierro que, al oxidarse, experimentan un incremento de volumen, es decir se expanden dentro de la roca, produciendo enormes presiones (Figura 4.5).

Por otra parte, hay que considerar las grietas que aparecen a lo largo de los muros y que pueden suponer un problema grave para la conservación del edificio. General-mente su recorrido sigue las juntas entre sillares, pero en algunas ocasiones atravie-san también los sillares de piedra (Figura 4.6).

Figura 4.4. Fractura en dintel en las iglesias de San Vicente de Vitiriz (izquierda) Santa María de Mirallos (derecha superior) y Santa Maria de Belante (derecha inferior). (1993)

Figura 4.5. Grietas producidas por la oxidación de elementos de hierro (izquierda: Casa Rectoral de Barbadelo, 1993; derecha: urinario en el claustro de la Catedral de Lugo, 2021).

Figura 4.6. Fracturas longitudinales continuas que afectan a la sillería de la parte posterior del muro del rosetón de la Ruinas de Santo Domingo (Pontevedra, 2015).

Alteración cromática

Se entiende como tal cualquier modificación notoria del color natural de la piedra, es decir, se excluyen de esta definición las pátinas y manchas.

La alteración cromática más común en el granito es el enrojecimiento producido por el fuego, que provoca la deshidratación de los oxihidróxidos de hierro liberados en la meteorización de las biotitas, único mineral principal del granito que posee hierro. La hidrólisis de este mineral conlleva, según la siguiente reacción, la liberación del hierro que precipita en formas hidroxiladas. Estas formas, en el medio natural, se deshidratan con el tiempo pasando a formas más ricas en oxígeno y de color rojo cada vez más intenso.

$$Si_3 Al O_{10} (Fe^{++}, Mg^{++})_3 (OH)_2 K + O_2 + H_2O \rightarrow Fe(OH)_3 \text{ (pardo-amarillo)} \rightarrow FeO(OH) \text{ (naranja)} \rightarrow Fe_2O_3 \text{ (rojo)}.$$

Pero esta deshidratación puede producirse también por exposición a elevadas temperaturas, como las ocasionadas por el fuego. Así, cuando esta forma de alteración aparece en un edificio granítico, constituye una prueba casi inequívoca de que ha sufrido un incendio. Un ejemplo lo encontramos en la iglesia de San Marcos en Corcubión: en los sillares retirados del muro durante una obra de restauración se podía ver una franja superficial mucho más rojiza que el resto (Figura 4.7) y se pudo confirmar que esta iglesia había sufrido un gran incendio en el siglo XVIII.

Figura 4.7. Sillar retirado del muro de la iglesia de San Marcos (Corcubión) mostrando su superficie enrojecida y tonalidades más pardas hacia el interior del sillar probablemente ocasionadas por el gran incendio ocurrido en el S. XVIII.

En algunas iglesias se observan sillares a distintas alturas desde el suelo intensamente enrojecidos; el origen de estos enrojecimientos es incierto y en algunos casos se ha asociado a determinados usos y costumbres religiosas (Figura 4.8).

También se ven enrojecimientos de la piedra en muchos dólmenes debido a la costumbre de encender hogueras en su interior. Se observan con especial intensidad en Casota de Berdoias, Forno dos Mouros-Toques, Casa dos Mouros-Regoelle, Chan de Armada y Anta dos Muiños (Figura 4.9).

Así mismo, algunos productos de limpieza pueden provocar cambios de color en el granito por oxidación de las biotitas.

No incluimos en el término alteración cromática el típico empardecimiento de los granitos del país, ya que no se ha producido en las edificaciones sino cuando la roca estaba en su yacimiento de origen. Los granitos perfectamente sanos, no alterados, poseen un color heterogéneo que globalmente se percibe como gris más o menos claro. Pero uno de los primeros mecanismos de meteorización que le afecta es la oxidación del hierro ferroso de las biotitas que se transforma en oxihidróxidos de hierro que impregnan las fisuras y confieren a la roca una tonalidad pardo-amarillenta. En ocasiones se perciben áreas con un empardecimiento más intenso en forma de bandas o aureolas (Figura 4.10).

Figura 4.8. Enrojecimiento del granito al lado de la puerta principal de origen incierto; podrían estar asociados a la ceremonia celebrada el sábado santo en la que se hacía una hoguera para purificar y encender el cirio pascual. (izquierda: Santiago de Barbadelo 1993; derecha: retablo pétreo que rodea la Puerta Santa de la Catedral de Santiago de Compostela, 2023).

Figura 4.9. Enrojecimiento de la piedra en la cara interna de un ortostato del dolmen Anta dos Muiños (A Golada), asociado a hogueras. Cortesía de F. Carerra.

Figura 4.10. Bandas pardo-amarillentas en sillares de las fachadas de las iglesias de Sta. María do Campo (Muros, 2023, A) y San Pedro de Muros (B); en C, aspecto de una columna de granito con aureolas de oxidación en el casco histórico de Muros.

Pátinas

El término pátina es muy general y ambiguo pues se emplea para indicar cambios de color en la superficie de la piedra debido a causas muy diversas. Podríamos decir que se utiliza la palabra pátina cuando se desconoce la naturaleza y el origen de esta forma de deterioro. Así, se describen con este nombre modalidades muy diferentes:

- **Pátina del tiempo o de envejecimiento**

Es un cambio de color a veces muy sutil que experimentan las piedras y que, en general, consiste en un oscurecimiento o un amarilleamiento; esto último ocurre sobre todo en las piedras claras. Frecuentemente al analizar estas superficies no se detectan ni cambios mineralógicos ni composicionales de la piedra, ni la presencia de alguna sustancia causante de este cambio de coloración, por lo que podemos decir que no implica necesariamente un deterioro, por el contrario, la pátina del tiempo es considerada por muchos conservadores un valor añadido ya que es indicativo de la antigüedad de la obra de arte.

- **Pátinas biológicas**

Muchos autores denominan pátina a lo que en realidad se trata de una colonización biológica de la piedra. Es obvio que esta implica un cambio de color y aspecto de la superficie, pero, en nuestra opinión, no se debe englobar en el término pátina, sino que es más preciso denominarla colonización biológica.

- **Pátinas ferruginosas**

Consisten en una película de óxidos o hidróxidos de hierro que recubre un plano de la roca. Son frecuentes en muchas rocas, sobre todo en las ferromagnesianas, y también en rocas graníticas. Estos recubrimientos a veces contienen óxidos de manganeso que le confieren un color casi negro y a veces con tonalidades moradas o color berenjena. Por su situación y apariencia, consideramos que la mayoría de las veces ya existían cuando la roca se puso en obra, es decir se formaron en el yacimiento de origen en planos ya existentes como pudieran ser planos de diaclasamiento.

Mancha y tinción

Estas son formas de deterioro producidas por causas diversas, en general de origen antrópico, que muchas veces se engloban también en el término pátina. No están definidas con precisión, de modo que diferentes autores usan a veces estas palabras para designar la misma forma de deterioro. Las manchas en general son producidas por accidentes, por vandalismo o también por un mantenimiento deficiente de algunas infraestructuras (por ejemplo, desagües). Las tinciones son claramente producidas con intencionalidad, también se denominan pintadas.

Grafitis

Algunos grafitis se pueden considerar una forma de expresión artística, una pintura mural contemporánea, pero para esto además de tener interés en sí mismos por su valor artístico y/o carga crítica social, deben estar en una superficie adecuada, es decir en una pared o parte de ella. Pero cuando se califican los grafitis como una forma de deterioro nos estamos refiriendo a las "pintadas" que aparecen sobre edificios o elementos de piedra y que constituyen una verdadera forma de vandalismo (Figura 4.11). Hay que tener en cuenta que su eliminación es muy difícil y requiere técnicas en general agresivas con la piedra.

Figura 4.11. Grafitis vandálicos o pintadas en los muros de la iglesia de Sta. María do campo de Muros (izquierda) y en la escultura de los Tunos en el campus de la Universidad de Santiago de Compostela (derecha) (2023).

Pátinas oscuras o ennegrecimientos

Esta es una forma de deterioro muy extendida en todos los edificios construidos con cualquier tipo de roca. En inglés se conoce como *soiling,* que podría traducirse por ensuciamiento. Es una denominación que se usa habitualmente cuando se realiza una inspección visual de un monumento para inventariar patologías, pero hay que señalar que es importante analizar en el laboratorio su composición y su relación con la piedra, sobre todo si se desea su eliminación, pues con apariencia muy similar encontramos ennegrecimientos de composición y origen muy diferentes. En términos generales podemos diferenciar dos tipos: costras y depósitos.

- **Costras negras:** consisten en la modificación de la zona exterior de la piedra como resultado de cambios químicos, mineralógicos y texturales. Pueden tener varios milímetros de espesor y a veces se distinguen en ellas varias capas. Son muy frecuentes en monumentos construidos con rocas calcáreas (calizas, mármoles, areniscas calcáreas, etc.) situados en ciudades u otras áreas contaminadas. Han supuesto un verdadero problema para el patrimonio monumental europeo y han sido muy estudiadas, sobre todo en Italia, tanto para conocer los procesos que dan lugar a su formación como los procedimientos para su eliminación. La gran mayoría contienen yeso ($Ca_2SO_4.H_2O$) formado por la reacción del $CaCO_3$ de la roca con el SO_2 atmosférico (proceso de sulfatación) y partículas oscuras muy características derivadas también de la contaminación (Figura 4.12).

Figura 4.12. Costras negras en Santa María la Redonda de Logroño (izquierda) y Catedral de Pamplona (derecha) (años 90 del siglo XX).

- **Depósitos:** acumulación de productos extraños a la roca (tales como hollín, microorganismos, etc.) sobre su superficie. Generalmente presentan débil coherencia, un límite neto con la piedra y escasa adherencia a ella, si bien cuando se hace un estudio bajo el microscopio se observa que los materiales de los depósitos pueden, en algunos casos, penetrar en la roca a través de sus fisuras.

En Galicia hemos llevado a cabo una investigación[42] para conocer la composición y origen de los frecuentes ennegrecimientos superficiales, llegando a la conclusión de que, si bien la mayoría se trata de depósitos de naturaleza biológica, algunos de ellos están también relacionados con la presencia de yeso, cuya formación es a veces difícil de explicar, como en el caso de las costras negras presentes en la facultad

---

42 Aira, N. (2007). Pátinas oscuras sobre rocas graníticas: génesis y composición. Tesis Doctoral Universidad de Santiago de Compostela.

de Geografía e Historia de Santiago de Compostela (Figura 4.13), o bien se puede asociar a la presencia de antiguos revestimientos a base de cal o de cal y yeso que se han sulfatado, como en el caso de las pátinas presentes en la portada norte de la Catedral de San Martín en Ourense (Figura 4.14).

Figura 4.13. Patina negra en granito. Facultad de Geografía e Historia en Santiago de Compostela (octubre, 2023).

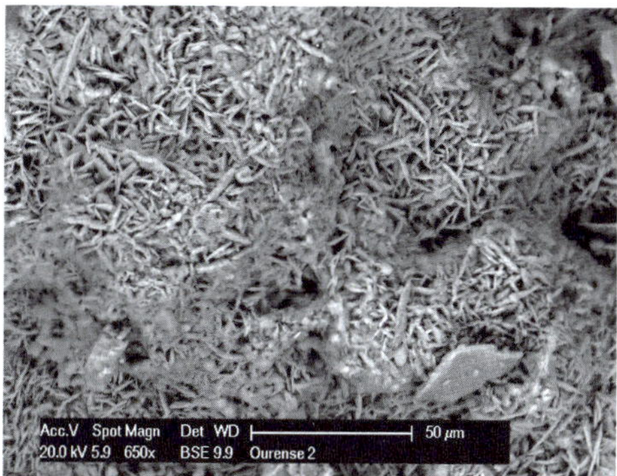

Figura 4.14. Costras negras desarrolladas en granito, formadas por sulfatación de antiguos revestimientos carbonatados. A la izquierda, aspecto de las costras en la fachada Norte de la Catedral de San Martiño de Ourense. A la derecha, micrografía tomada con microscopio electrónico de barrido de la superficie de la costra, en la que se aprecian pequeños cristales aciculares de yeso.

Además, en muchos monumentos de Galicia, en particular en portadas y esculturas, se encuentran depósitos formados por restos de antiguos tratamientos. El ejemplo más claro lo constituyen los residuos de un tratamiento de consolidación aplicado en los años 60 que consistía en la aplicación de cera de abeja con la ayuda de un soplete para facilitar la penetración en la roca. Este tratamiento ha resultado absolutamente contraproducente pues la cera es demasiado impermeable, se resquebraja, favorece la adherencia de suciedad y produce la separación de las capas más superficiales de la piedra contribuyendo a su arenización y descamación. Además, constituye un medio idóneo para el crecimiento de microorganismos. Algunos casos en los que se ha encontrado esta forma de deterioro son: Pórtico de la Gloria, Puerta Santa, Portada de Platerías y friso del Claustro en la Catedral de Santiago, Pórtico del Paraíso y Portadas norte y sur de la Catedral de Ourense, Iglesia Santuario da Escravitude e Iglesia de San Nicolás de Portomarín (Figura 4.15).

Figura 4.15. Restos de antiguos tratamientos de consolidación con cera de abeja: izquierda, Portada sur-suroeste de San Nicolás de Portomarín (2020) ; derecha, Puerta Santa de la Catedral de Santiago de Compostela (2020).

Colonización biológica y/o biopelículas

Todos los materiales expuestos a la intemperie acaban inexorablemente siendo colonizados por organismos y/o microorganismos. El tipo de organismos colonizadores y la intensidad y grado de cubrimiento de la colonización es muy variable dependiendo de las características del material y de las condiciones ambientales. En Galicia esta forma de deterioro es muy importante y está muy extendida pues las características climáticas propician la colonización de los materiales. Es bien conocido el hecho de que las paredes se ponen verdes en el plazo de varios meses y que se van ennegreciendo con el tiempo.

Al realizar la descripción visual de las patologías de un edificio es muy difícil especificar los organismos presentes, incluso por especialistas, porque suelen ser variados y estar mezclados. Lo más adecuado es denominar a esta forma de deterioro **colonización biológica** y si acaso mencionar los organismos predominantes que se pueden reconocer, aunque sea a un nivel muy general (por ejemplo, líquenes, algas, etc.) (Figura 4.16). Sin embargo, en muchos casos los microorganismos colonizadores (bacterias, algas, cianobacterias y hongos) se asocian y organizan en biofilms o biopelículas en donde el reconocimiento de los distintos microorganismos implicados no puede realizarse a simple vista y requiere de técnicas microbiológicas y moleculares para su identificación. Su coloración varía del verde al negro dependiendo de los organismos mayoritarios implicados y de su estado fisiológico (Figura 4.17).

Figura 4.16. Colonización biológica mayoritariamente por líquenes y briófitos en una lápida del atrio cementerio de la iglesia de Santa María de Vilar (febrero, 2020).

Figura 4.17. Biofilms algales y cianobacterianos con diferentes coloraciones según los organismos que lo conforman (Izquierda: Iglesia en el monasterio de Sobrado dos Monxes, julio 2019; derecha: Portada de San Xiao de Moraime, enero 2018).

Además de los efectos antiestéticos evidentes de ciertos tipos de colonización, esta da lugar a la alteración de la piedra por diferentes mecanismos, como se verá en el capítulo 6, de modo que es una de las formas de deterioro que motiva más intervenciones sobre los monumentos, con los consiguientes costes. Antes de su eliminación, es muy importante llevar a cabo un estudio orientado a identificar los organismos, evaluar su penetración en la roca y su grado de adherencia a la misma y así poder decidir los procedimientos de eliminación o control más adecuados.

Desagregación arenosa o arenización

Como tal se entiende la pérdida de cohesión entre los granos minerales, lo que da lugar a pérdida de material. Se suele utilizar el término arenización en rocas donde los granos desprendidos son de tamaño arena, como ocurre en granitos y en areniscas; en mármoles se aplica el nombre de sacarización (granos tamaño azúcar).

Esta forma de alteración es muy frecuente en las rocas graníticas de modo que la gran mayoría de los monumentos gallegos la presentan en mayor o menor grado, siendo particularmente severa en edificios cercanos a la costa. En los muros se manifiesta por un redondeamiento de las aristas de los sillares, con la consiguiente apertura de las juntas entre ellos (Figura 4.18). También se evidencia cuando al pasar la mano por un sillar u otro elemento pétreo se desprenden granos y no es raro ver acúmulos de arena al pie de las paredes. Es particularmente preocupante cuando afecta a elementos esculpidos, en los que es muy frecuente esta patología, pues la pérdida de relieve puede causar una pérdida del valor artístico de la obra (Figura 4.19).

El proceso que origina esta forma de alteración es diferente según la roca de que se trate. En rocas sedimentarias de textura cementada se debe generalmente a la disolución o eliminación del cemento. En rocas granudas, como el granito y rocas afines, la hidrólisis de los feldespatos, y su consiguiente transformación en caolinita, tiene como consecuencia la arenización de la piedra (fenómeno común en el medio natural) pero se ha comprobado que en numerosos monumentos graníticos la piedra puede estar intensamente arenizada aun cuando su alteración mineralógica sea imperceptible; en estos casos se ha llegado a la conclusión de que la arenización se produce por un mecanismo físico y que es consecuencia del efecto de las sales al cristalizar dentro de los poros de la roca (capítulo 5).

Figura 4.18. Redondeamiento de aristas causado por la pérdida de masa debida a arenización. (Izquierda: Santa María de Fisterra, 2017; derecha: Santa María do Campo (Muros, 2023)).

Figura 4.19. Pérdida de masa por arenización en zonas esculpidas. Capilla de Nosa Señora do Bo Suceso (Fisterra, 1993).

Alveolización

Se puede considerar como un caso especial de arenización que da lugar a morfologías muy vistosas, como cavidades y surcos a veces muy profundos. Suele ir asociada a la presencia de importantes cantidades de sales solubles y al efecto del viento. Es frecuente en rocas sedimentarias y se explica por la heterogeneidad de la roca con áreas más duras y resistentes y otras más susceptibles a la alteración. En el granito se observa muchas veces en afloramientos rocosos en la costa, donde las sales y el viento son agentes muy activos (Figura 4.20). En los edificios es mucho más rara y cuando se encuentra es en las zonas elevadas de edificios cercanos a la costa y en granitos con heterogeneidades texturales que favorecen el proceso; hay casos espectaculares como la alveolización encontrada en el campanario de la iglesia de Santo Domingo en A Coruña (Figura 4.21).

Figura 4.20. Alveolización en afloramientos graníticos en la costa. Izquierda, acantilados en cabo Udra (Pontevedra); derecha, acantilados en Camariñas (A Coruña).

Figura 4.21. Alveolización en sillares de granito de diferentes estructuras de la torre del Convento de Santo Domingo (A Coruña) (2023).

Eflorescencia

Capa o depósito de sales sobre la superficie pétrea que se presenta como acúmulos de pequeños cristales no adheridos a la roca. En los monumentos gallegos es raro encontrar esta tipología debido a que la alta humedad relativa no favorece la cristalización de sales solubles en superficie; cuando se encuentran es en días soleados y ventosos de invierno pues ambas circunstancias favorecen la migración de las disoluciones salinas al exterior, el secado de la piedra y la cristalización de las sales. En el interior de los edificios, las eflorescencias se generan con mayor frecuencia, pues es más fácil alcanzar condiciones de baja humedad relativa, especialmente si se trata de locales acondicionados; un caso espectacular de eflorescencias salinas se ha encontrado en el interior de la Casa de los Mosaicos en Lugo (Figura 4.22). Otras veces las eflorescencias forman capas compactas, es decir, concreciones o encostramientos. Estas son más comunes y generalmente se trata de carbonato cálcico, originándose como resultado de la movilización de este compuesto a partir de revoques o juntas y su precipitación formando un recubrimiento más o menos consistente. Hay casos donde estos recubrimientos son espectaculares y recuerdan a pequeñas estalactitas.

Figura 4.22. Eflorescencias salinas en la Casa de los Mosaicos (Lugo, 2021) y en el ayuntamiento de Muros (2023).

Subeflorescencia

Se originan por precipitación de sales por debajo de la superficie de la piedra, generalmente a pocos micrómetros de profundidad. Algunos autores utilizan el término criptoeflorescencia lo que alude al hecho de que son difícilmente visibles. Consideramos que en los monumentos graníticos están relacionadas con la aparición de desplacaciones y descamaciones y, de hecho, se observan frecuentemente por debajo de ellas, en el hueco existente entre la capa de piedra separada y la roca subyacente.

Desplacación y descamación

Ambos fenómenos consisten en la separación de la capa más superficial de la piedra paralelamente a la cara expuesta de los sillares o de otros elementos pétreos, sin relación con la estructura de la roca, es decir, no son exfoliaciones; prueba de esto es que aparecen siempre paralelamente a la superficie de evaporación; por ejemplo, pueden aparecer contorneando el fuste de las columnas (Figura 4.23). Estas formas de alteración reciben diferentes nombres en función de sus dimensiones:

placas, cuando la capa de piedra separada tiene un grosor de 5 mm o más y abarca una extensión grande, a veces toda la superficie del sillar; plaquetas, que son capas igualmente extensas, pero de menos de 5 mm de grosor, y escamas, que son separaciones finas, de escasa extensión y frecuentemente superpuestas unas a otras.

Figura 4.23. Placas en fuste de columnas en la Rúa Nova (Santiago de Compostela, 2023).

Las placas, plaquetas y escamas constituyen una forma de alteración muy común en edificios construidos con diferentes tipos de rocas. Se pueden ver en muchas edificaciones graníticas siendo más frecuentes y mejor formadas en la parte inferior de las paredes, generalmente desde un metro y medio hasta tres metros del suelo (Figura 4.24); cuando se encuentran a mayor altura suele ser en situaciones en las que hay algún elemento arquitectónico que retiene el agua (Figura 4.25). No se deben confundir las desplacaciones con las exfoliaciones.

Figura 4.24. Placas en la parte baja del Colegio Nuestra Señora de los Remedios (Santiago de Compostela, 2023).

Figura 4.25. Placas en la sillería de la fachada de la basílica de Santa María (Pontevedra) formadas a mucha altura desde el suelo y favorecidas por la existencia de elementos constructivos que retienen agua.

Las separaciones superficiales mejor formadas se observan en granitos de grano fino, en los de grano grueso no son frecuentes y cuando aparecen son muy gruesas y de pequeña extensión. Es probablemente una cuestión meramente mecánica la que dificulta la formación de placas en granitos de grano grueso: tienen un excesivo peso para conservar su integridad y tienden a romperse. Estos granitos tienden con más facilidad a la desagregación granular.

Ampollas

Las ampollas se producen cuando la capa más superficial de la piedra se separa, pero no llega a romperse de modo que aparece un abultamiento. Cuando se percute sobre ellas se aprecia perfectamente que existe un hueco por debajo. Acaban abriéndose y desprendiéndose parcialmente, dando lugar a placas o plaquetas de modo que se pueden considerar una fase anterior a la formación de estas separaciones superficiales. Son raras y siempre se han observado en granitos de grano fino.

Exfoliación y laminación

Es la apertura de la piedra por planos estructurales que a veces da lugar a la separación de capas superficiales. Este fenómeno es muy común en rocas metamórficas, sobre todo en las que presentan una foliación marcada, como pizarras, filitas y esquistos, y en algunas rocas sedimentarias que tienden a abrirse según los planos de estratificación; en este caso se suele emplear el término laminación.

En los granitos no se producen estas formas de alteración, por tanto no se observan en la generalidad del patrimonio monumental gallego. En las rocas graníticas que presentan cierta anisotropía fisural existen planos de rotura preferente y pueden aparecer grietas originadas a favor de estos planos, pero nunca llegan a ser verdaderas exfoliaciones.

Pero hay algunos monumentos en Galicia en los que se puede encontrar verdaderas exfoliaciones. Se trata de los construidos con rocas metamórficas de estructura foliada: pizarras o filitas, esquistos o neises. Dos ejemplos son el Dolmen do Meixoeiro, cuyos ortostatos verticales, en contacto con la losa de cubierta, se abren en planos paralelos a la esquistosidad, y el dolmen Roza das Modias, en el que se identificó el desarrollo de exfoliaciones en las caras internas de los ortostatos (Figura 4.26).

También se observan exfoliaciones en las lajas de rocas metamórficas que constituyen los muros de algunos monumentos como son muchas iglesias del Camino de Santiago. Otro caso donde se encuentran estas patologías son los muros del Castro de Viladonga constituidos por diversas variedades de rocas metamórficas desde pizarras hasta esquistos neísicos, todas ellas presentes en el sustrato geológico del lugar donde está emplazado (Figura 4.27).

Figura 4.26. A la izquierda, detalle del extremo superior de un ortostato del dolmen do Meixoeiro, construido con un gneis de biotita, en el que se observa la apertura de la roca paralelamente al plano de esquistosidad. A la derecha, superficie interna de uno de los ortostatos del dolmen Roza das Modias, construido con un esquisto cianítico, afectada por formación de exfoliaciones paralelas a los planos de esquistosidad.

Figura 4.27. Exfoliaciones en rocas metamórficas de los muros del Castro de Viladonga.

Capítulo 05

Factores y agentes de deterioro de las rocas en monumentos

Factores y agentes de deterioro de las rocas en monumentos. Temperatura. Viento. El agua y sus vías de entrada en las edificaciones. Sales solubles: modelos teóricos de deterioro, formas de alteración y mecanismos de alteración en monumentos graníticos gallegos.

Este capítulo trata sobre los principales agentes y factores de deterioro de las rocas usadas en monumentos, especialmente en los construidos con rocas graníticas.

Al contrario de lo que ocurre con el término *mecanismo de deterioro*, que se define como el proceso (químico, físico y biogénico) o procesos a través de los cuales los materiales usados en el patrimonio cultural material se degradan (ver capítulo 1), no hay consenso en la literatura sobre las diferencias entre los términos *agente* y *factor de deterioro*; de hecho, en muchas ocasiones, los tres términos, agente, factor, mecanismo, se utilizan indistintamente.

En este libro, se considera **agente de deterioro** todo aquello que a través de un proceso físico o químico del cual es principal protagonista, genera un deterioro en un material. Correspondería por tanto al agua (en sus diferentes estados físicos), las sales solubles y la colonización biológica. Dentro de este último, es evidente que, dependiendo de la escala de valoración, podríamos definir como agentes de deterioro desde las estructuras físicas de anclaje (hifas de hongos, ricinas de líquenes) hasta cada uno de los ácidos excretados como consecuencia del metabolismo de los seres vivos. La temperatura se considera también un agente de deterioro cuando altera los materiales a través de fatiga y shock térmicos. Como se trata de agentes ajenos a los materiales rocosos, es decir, que no tienen relación con ellos (al menos en lo que a los granitos se refiere), en este libro a veces nos referimos a ellos como factores extrínsecos.

Como **factor de deterioro** podríamos considerar cualquier circunstancia que favorece la acción de un agente concreto y por tanto el desencadenamiento del mecanismo de deterioro. Por ejemplo: en el caso del deterioro por cristalización de sales solubles, un factor de deterioro (intrínseco, en este caso) es la distribución de tamaños de poro de la roca ya que, según la literatura, el tamaño de poro influye en la presión de cristalización de las sales. Siguiendo con la alteración por sales, otro factor que desencadena el deterioro sería la existencia de procesos alternantes de humectación y secado durante los cuales, el agua (que actúa como agente) disuelve las sales precipitadas movilizándolas en la roca (o se incorpora a sales ya precipitadas hidratándolas) o provoca la precipitación cuando se evapora; en este caso, este factor sería extrínseco a la roca. Un caso de la alteración biogénica que ilustra todos estos conceptos podría ser la alteración física generada por el efecto de la presión en los poros de las rocas (mecanismo) de las ricinas de líquenes (agente) durante su crecimiento o cuando se humectan en presencia de agua (en este caso, factores – circunstancias- que favorecen el deterioro). La temperatura sería un factor de deterioro cuando actúa influyendo en la solubilidad de las sales o cambiando el estado físico del agua (hielo-deshielo). El viento podría considerase tanto un agente, cuando erosiona físicamente las rocas, como un factor, cuando favorece la precipitación de sales en los poros de las rocas a través de la evaporación del agua que las impregna.

Es indiscutible, por tanto, que todas las edificaciones, incluyendo los monumentos y obras de arte muebles, como las esculturas, se deterioran inexorablemente con el paso del tiempo, debido a la interacción de los materiales que conforman estas obras con los agentes ambientales; en consecuencia, en el tipo e intensidad de deterioro van a influir las propiedades de los materiales y las condiciones a las que están expuestas y la presencia de determinados agentes externos.

En cuando a las propiedades de los materiales, y en el caso de las rocas, los factores intrínsecos que influyen en alterabilidad son, tal como se vio en el Capítulo 3, la composición mineralógica y la textura. Dependiendo de la composición mineralógica, los minerales que componen las rocas se meteorizan a través de diferentes mecanismos: hidrólisis, disolución, complejación, oxidación, etc. (descritos en el capítulo 4). Así, los silicatos que se han formado a temperatura muy elevada, predominantes en las rocas ígneas ferromagnesianas o básicas, son más susceptibles a la hidrólisis que los minerales situados al final de la serie de Bowen, que son más abundantes en las rocas félsicas o ácidas. Una roca rica en carbonatos, por otra parte, será especialmente susceptible al mecanismo de disolución, mientras que los minerales que contienen hierro se alteran por el mecanismo de oxidación. Otro factor intrínseco que influye en la velocidad de alteración de una roca es la textura o modelo de disposición de los minerales unos con respecto a otros y con respecto a los espacios huecos que quedan entre ellos. Los huecos son un componente fundamental de las rocas ya que gobiernan, entre otras cosas, el comportamiento mecánico y el comportamiento hídrico de la piedra, es decir la cantidad de agua que puede absorber y la velocidad de humectación y secado, que determinan el tiempo de contacto del agua con los minerales. De esta influencia en el deterioro se trató también en el capítulo 3. También en el mismo capítulo, se habló de la influencia en el deterioro de las rocas en edificaciones de los procesos de extracción de cantera y de elaboración posterior y de las circunstancias de puesta en obra.

En cuanto a las condiciones ambientales y agentes de deterioro que interactúan con los materiales, los principales agentes-factores de deterioro de edificaciones construidas con rocas graníticas son la temperatura, el agua, el viento - con menor importancia que los anteriores - y las sales solubles y a todos ellos se les dedica el presente capítulo. Un quinto agente de deterioro, la colonización biológica, de especial relevancia en la conservación del granito en el noroeste peninsular, será protagonista del último capítulo de este libro.

1 Temperatura

La temperatura es un factor que acelera las reacciones químicas de meteorización, pero también puede actuar como agente de deterioro al afectar al comportamiento físico y mecánico de las rocas provocando su dilatación y contracción. En las rocas poliminerales como el granito, que poseen minerales con coeficientes de dilatación muy diferentes, las variaciones de temperatura contribuyen a crear tensiones en la masa rocosa y a desencadenar su desagregación. Pero el fenómeno de contracción-dilatación tiene en general poca importancia salvo en lugares con oscilaciones diarias de temperatura muy elevadas, como las zonas desérticas o de clima continental. En este sentido, las rocas se alteran de manera progresiva por fatiga o estrés térmico. Sin embargo, hay que aclarar que lo más nocivo para las rocas son los cambios de bruscos de temperatura ocurridos en un corto período de tiempo; en este caso, la roca sufre shock térmico, como el que puede tener lugar durante un incendio, que tiene efectos drásticos sobre los materiales al producir termoclastia, fenómeno que se observa con frecuencia en el interior de los dólmenes (asociado a hogueras en el interior de las cámaras) o en los petroglifos (asociado al impacto del fuego de incendios forestales) (Figura 5.1).

En Galicia, donde el clima es templado y húmedo, el estrés térmico (es decir, el deterioro provocado por cambios alternantes de temperatura no necesariamente extremos) no es un factor relevante en la alteración de los materiales pétreos, si bien puede haber casos o circunstancias puntuales en las que sea relevante. Por ejemplo, en determinados lugares del interior de Galicia las temperaturas pueden bajar lo suficiente como para provocar la congelación del agua en el interior de los poros de la piedra con el consiguiente efecto de cuña. También, aunque excepcionalmente, puede darse el caso de que la insolación de una pared produzca un calentamiento suficiente para provocar fenómenos alternantes de dilatación-contracción que pueden ocasionar tensiones dentro de la masa rocosa contribuyendo a su desagregación.

Un efecto indirecto del incremento de temperatura en el granito puede ser la alteración del color. El calentamiento por insolación o un shock térmico produce la deshidratación de los oxihidróxidos de hierro que suelen tapizar las fisuras de los granitos, especialmente los granitos silvestres, acentuando la tonalidad pardo-amarillenta o rojiza de la piedra (Figura 5.1).

Figura 5.1. a y b son imágenes del dólmen de Candeán (Vigo); en b se muestra el detalle de la superficie interna de uno de los ortostatos; la zona teñida de rojo se debe al contacto con altas temperaturas. c, d y e son imágenes de petroglifos. En c y d (petroglifos de Monte Faro-Valença do Minho) se observan enrojecimientos y fracturas en la superficie de la roca debido a la exposición al fuego de incendios; la exposición a elevadas temperaturas se manifiesta también en la formación descamaciones de la superficie de la roca (e, Petroglifo de Pé de Mula, Mondariz-Pontevedra).

Los cambios de temperatura, aunque no sean drásticos, sí puede ser relevantes para el deterioro de otros materiales y obras de arte como por ejemplo las pinturas murales, manifestación artística bastante frecuente en muchas iglesias, monasterios y edificios civiles en Galicia.

2 Viento

El principal efecto del viento en las edificaciones es la evaporación del agua de las disoluciones que impregnan las rocas; de este modo, el viento favorece la cristalización de las sales contribuyendo a la desagregación de los materiales; sobre este fenómeno se hablará más adelante.

Pero el viento también puede ejercer un papel erosivo notable. Cuando partículas transportadas por el viento impactan contra los materiales de forma continuada ejercen una erosión cuya fuerza depende del tamaño de las partículas y de la velocidad del viento[43]. Este mecanismo es importante en climas áridos por lo que, en Galicia, puede considerarse despreciable; sin embargo, hay que tener en cuenta que los granos minerales desprendidos como consecuencia de la cristalización de las sales pueden ejercer este efecto erosivo cuando la presencia de heterogeneidades en la roca desencadena la formación de turbulencias de aire. De hecho, la alveolización se asocia al papel conjunto de las sales y el viento[44].

3 Agua

El agua es el agente más importante en el deterioro de las rocas. Interviene en casi todos los mecanismos de alteración química, ya sea como reactivo o como vehículo o medio necesario para las reacciones. Así, es un reactivo en los procesos de disolución, hidrólisis e hidratación de los minerales, y actúa como medio en el proceso de oxidación donde el verdadero agente es el oxígeno, pero es necesario que este elemento esté disuelto en agua para que la reacción tenga lugar, pues la reacción entre un gas y un sólido tiene una cinética tan lenta que es prácticamente imposible. Además, el agua tiene un papel más o menos directo en otros procesos de deterioro que ocurren en las construcciones pues, además de su efecto de cuña cuando se convierte en hielo, posibilita la movilización de las sales dentro de la piedra, facilita el efecto de los contaminantes atmosféricos depositados sobre la superficie expuesta, favorece la colonización biológica y disminuye la resistencia mecánica de las rocas, que es considerablemente menor cuando las rocas contienen agua en sus poros.

Se puede decir que el agua es el principal enemigo de las edificaciones. Esto está asumido por el saber popular y recogido en dichos como *el que cuida la gotera cuida la casa entera*. Y si esta idea se puede generalizar, en Galicia sin duda alguna es una realidad por la importante pluviosidad (que oscila entre 1800mm en las sierras del

43 Camuffo. (1995), Physical weathering of stones, Sci. Total Environ. 167 1–14, https://doi.org/10.1016/0048-9697(95)04565-I.

44 ICOMOS-ISCS. (2011): Illustrated glossary on stone deterioration patterns-Glosario ilustrado de formas de deterioro de la piedra. Manual. ICOMOS, Paris, 78p. Monuments & Sites.

litoral y 500 mm en los valles de los ríos Miño y Sil[45]), por el elevado número de días de lluvia (entre 100 y 150 días al año, en el oeste de la región[46]) y también por la elevada humedad relativa que existe en la mayoría de los días de otoño e invierno, que dificulta el secado de la piedra y hace que los muros estén casi permanentemente húmedos.

En los edificios antiguos gallegos los muros estructurales son muy gruesos. Normalmente constan de un paño exterior de sillares de granito y otro interior que también puede ser de sillares o de tablilla o ladrillo. Entre ambos paños generalmente hay un relleno de fragmentos irregulares de piedra mezclados o no con cal, barro o una mezcla de ambos. Cuando estos muros se embeben de agua, su secado es muy difícil, tanto que frecuentemente no llegan a secarse de manera total, es decir mantienen permanentemente un mayor o menor grado de humedad. Esto causa, además de deterioro en las rocas, problemas de insalubridad.

Existen diversas vías de entrada de agua en las edificaciones. Sea cual sea la fuente, el deterioro ocasionado va a depender de la cantidad de agua que penetre en la roca y del tiempo en que el agua y la roca están en contacto, por tanto, las propiedades intrínsecas de la roca juegan un papel fundamental, en concreto todos los parámetros relacionados con la porosidad, tal como se vio en el capítulo 3. Por una parte, el porcentaje de poros y el grado en que éstos están comunicados va a influir en la cantidad de agua que penetra en los muros. Por otra parte, la geometría de la red fisural influye también en la velocidad con la que una roca se humedece y se seca. Así, especial relevancia tienen los espacios vacíos de tamaños que oscilan entre 0,1 y 100 micrómetros al ser los tamaños de poro que gobiernan el movimiento del agua por capilaridad. Por tanto, recordemos, tal como se trató en el capítulo 3, que el comportamiento frente al agua de una estructura rocosa en un edificio será diferente según el tipo de roca (sedimentaria, más porosa; metamórfica o ígnea, menos porosa) y, dentro de cada tipo de roca, del tipo de poro (modelo poroso o modelo fisural), de la distribución de tamaños de poros y de la conectividad de unos poros con otros. Y dentro de una misma roca, el uso de bloques ligeramente más meteorizados (que son más porosos) supone comportamientos diferenciales en los muros que pueden generar deterioros localizados.

45 Martínez Cortizas y Pérez Alberti (Coord.) (1999). Atlas Climático de Galicia. Xunta de Galicia. 207 pp.

46 Agencia Española de Meteorología-AEMET. Consulta web en Servicios climáticos, Datos climatológicos, Valores normales.
https://www.aemet.es/es/serviciosclimaticos/datosclimatologicos/valoresclimatologicos

Vías de entrada de agua en los edificios

En cuanto a las vías de entrada de agua en los edificios, estas son variadas (Figura 5.2):

Penetración desde las cubiertas y/o las cabeceras de los muros

Esto ocurre cuando el techado no está en buenas condiciones o cuando las canalizaciones y desagües no cumplen su función eficazmente. Es importantísimo un buen mantenimiento de los edificios en este aspecto. Un elemento arquitectónico común en los edificios clásicos y que ha desaparecido en gran medida en la arquitectura contemporánea y/o vanguardista, son las cornisas; estos elementos, además de constituir un remate estético, ejercen un papel protector al impedir que el agua proveniente de las cubiertas escurra por la pared.

La entrada de agua en los muros y otras estructuras de piedra presenta especial importancia en edificaciones con cúpulas pétreas como son muchas iglesias y catedrales. Un caso particularmente complejo es la Catedral de Santiago de Compostela; en el plan director del conjunto catedralicio aprobado en 2009, uno de los problemas más graves que se advirtió fueron las infiltraciones de agua con consecuencias nefastas para el conjunto policromado del Pórtico de la Gloria, así como para la conservación de la Cripta. Durante el estudio de las policromías del Pórtico previo a su restauración, que se llevó a cabo entre los años 2008-2010, se puso en evidencia la necesidad urgente de eliminar las infiltraciones pues estaban causando graves problemas en la piedra y, consecuentemente, en las pinturas. Una de las zonas problemáticas era la estructura abovedada que une la fachada barroca del Obradoiro y el Pórtico de la Gloria (antigua fachada exterior románica) sobre la cual se encuentra la tribuna. Esta estructura se reforzó en los años sesenta con una estructura de hormigón armado, probablemente con el propósito, entre otros, de evitar la entrada de agua, pero el hormigón resultó poco eficaz y, por el contrario, causó efectos negativos por lo que se procedió a su retirada en el año 2011.

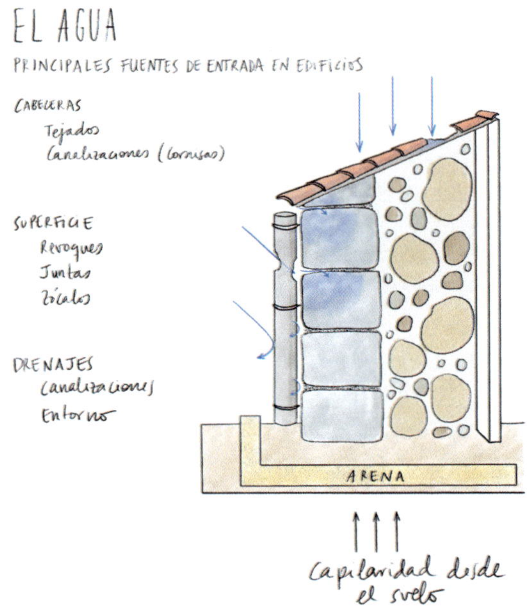

Figura 5.2. Principales vías de entrada de agua en muros. Ilustración de Clara Cerviño.

Penetración por la superficie exterior de las paredes

La superficie exterior de los muros y fachadas es la cara expuesta a la intemperie y por tanto sobre ella tiene lugar el impacto de la lluvia, las salpicaduras desde el suelo mojado o las escorrentías de agua. Estas últimas ocurren principalmente cuando las canalizaciones no están en buen estado, pero también pueden tener su origen en el agua que se acumula en ciertos elementos como balcones, terrazas o cornisas que, en ausencia de sistemas de colección eficaces, resbala luego por la pared. Los zócalos, bloques pétreos situados en la parte inferior de los muros cuyo papel fundamental es el refuerzo de los muros y que son típicos en las edificaciones antiguas, protegen también a los muros de la entrada de agua por salpicaduras y ascenso capilar. Este elemento constructivo prácticamente se ha dejado de instalar en las edificaciones actuales.

También hay que considerar como fuente de entrada de agua en las rocas de las edificaciones el vapor de agua contenido en la atmósfera, que tiene importancia en rocas que contienen minerales higroscópicos como son las sales y ciertos tipos de arcillas. En otras rocas como el granito, este mecanismo de entrada de agua en la piedra es despreciable, pero hay que tener en cuenta que la mayoría de los edificios graníticos contienen sales solubles y que estos compuestos, debido a su higroscopicidad, sí pueden absorber esta agua. Así, en Galicia es común ver paredes con aspecto húmedo aun cuando no esté lloviendo, debido a la alta humedad relativa del aire.

Otro factor que influye en gran medida en la penetración de agua en una pared tiene que ver con las características de las juntas entre sillares. Si las juntas están abiertas (muchas veces porque la roca sufre arenización) y carecen de argamasa, lógicamente, constituyen una importante vía de entrada de agua. Si las juntas poseen argamasa, será principalmente la porosidad de este material la que gobierne el mecanismo de succión capilar a su través y determine la cantidad de agua que penetra en las piezas de roca, así como la velocidad de secado.

Ascenso desde el suelo o subsuelo

Esta es una vía de entrada de agua a tener muy en cuenta en los edificios antiguos ya que muchas veces carecen de una cimentación técnicamente adecuada, estando a menudo los bloques de piedra asentados directamente en el suelo.

Desde el subsuelo o las cimentaciones, el agua penetra en la piedra por succión capilar y este mecanismo, como se ha dicho, depende de las propiedades de la roca. Pero la altura alcanzada por el frente de ascenso del agua en un muro va a depender también en gran medida de las características constructivas de este, sobre todo de las juntas entre sillares y del estado y las características de las argamasas.

Las juntas entre sillares ejercen en los muros dos funciones muy importantes. Por una parte, suponen un pequeño hueco que amortigua la dilatación de los materiales y los movimientos de las estructuras, evitando que las piezas de roca se fragmenten. Por otra parte, las juntas rompen la columna de ascenso capilar. Es muy importante que las argamasas o morteros de juntas sean lo suficientemente porosos: si son muy poco porosos, compactos y adhesivos el muro puede llegar a comportarse como un cuerpo sólido continuo y los movimientos por las posibles dilataciones se trasladarían a sus extremos pudiendo causar problemas. El uso de morteros o argamasas que poseen poros más estrechos que los de las rocas que conforman el muro permite, también, que el secado de los muros se produzca a través de las juntas; esto tiene la ventaja cuando en el agua que impregna la roca existen sales: al secarse el muro a través de las juntas, las sales precipitan en las propias juntas, y no en los bloques de roca, quedando de alguna manera protegidos de los fenómenos de alteración por sales solubles.

Condensación sobre las paredes

Este fenómeno ocurre sobre todo en el interior de los edificios, es muy frecuente ver manchas de humedad provocadas por esta causa en la zona superior de las paredes cerca del techo. Se presenta muy frecuentemente en áreas revocadas y pintadas y menos sobre la piedra directamente o al menos es difícil atribuir estas manchas a la condensación. Teóricamente en una pared se produce condensación cuando la temperatura de la superficie de la piedra es igual o menor que la temperatura del punto de rocío del aire.

En los poros de una roca, sin embargo, el proceso es mucho más complejo que el que se produce en la atmosfera pues además de la presión de vapor del aire y la temperatura, entran en juego la porosidad de la piedra y las características geométricas del sistema poroso[47, 48].

Desde el punto de vista práctico, y puesto que el agua de condensación procede de la humedad ambiental, es fundamental la ventilación de los recintos para renovar el aire que pueda estar cargado de humedad y evitar problemas de condensación.

4 Sales solubles

Las sales constituyen uno de los agentes más activos en la alteración de los materiales porosos, como son la mayoría de los materiales de construcción: rocas, argamasas, ladrillos, cerámicas, etc. También pueden causar importantes daños en los revestimientos de las paredes: revocos, estucos, pinturas murales, etc.

Modelos teóricos de deterioro

Los efectos alterantes de las sales se producen cuando cristalizan dentro de los huecos ejerciendo una presión sobre sus paredes capaz de desagregar los materiales más resistentes. En el caso de algunas sales, a la presión de cristalización se suma la presión de hidratación, es decir, la presión ejercida debido al incremento del volumen que se produce cuando se hidratan una vez cristalizadas. La sal más estudiada en este aspecto es el sulfato de sodio que puede presentar dos formas: la anhidra denominada thenardita y la hidratada o mirabilita, siendo el incremento del volumen al pasar de una fase a otra de un 300%, de ahí su alto poder deteriorante [49].

Los daños provocados por las sales se deben a los ciclos repetidos de cristalización-disolución por lo que son más acusados cuanto más frecuentes sean estos ciclos. Así, aunque una roca contenga una cantidad notable de sales solubles, si está lo suficientemente seca para que estas permanezcan cristalizadas o si está suficien-

47 Camuffo (1995), Physical weathering of stones, Sci. Total Environ. 167 1–14, https://doi.org/10.1016/0048-9697(95)04565-I.

48 Esbert Alemany y col. (1997). Manual de diagnosis y tratamiento de materiales pétreos y cerámicos, ed: Colegio de aparejadores y arquitectos técnicos de Barcelona, (1997), 139 p.

49 Tsui, N., Flatt, R. J., & Scherer, G. W. (2003). Crystallization damage by sodium sulfate. Journal of Cultural Heritage, 4(2), 109-115. https://doi.org/10.1016/S1296-2074(03)00022-0.

temente húmeda para que permanezcan disueltas, en ambos casos no ejercen sus efectos. En esta última situación, sin embargo, pueden darse otros procesos alterantes como la hidrólisis y, por otra parte, el hecho de que la roca permanezca largo tiempo húmeda favorece la colonización biológica y trae consigo otros problemas de conservación.

La cristalización de las sales dentro de los poros de una roca es un proceso complejo para cuyo estudio se ha recurrido a aproximaciones y modelos que pretenden explican de manera teórica ciertos aspectos. Sin embargo, la realidad siempre es difícil de reproducir pues hay que tener en cuenta que a) las condiciones dentro de los poros en una situación real son diferentes a la que existen en los sistemas experimentales; b) que normalmente en la disolución que impregna la piedra de un edificio, hay diferentes aniones y cationes que al combinarse en el momento de la cristalización pueden dar lugar a un conjunto de especies salinas que interactúan entre ellas y c) que la interacción entre las variables ambientales de un edificio son complejas y difíciles de definir en un modelo teórico.

Los efectos dañinos de las sales vienen determinados principalmente por dos factores. En primer lugar, por las propiedades de las propias sales como, por ejemplo, la mayor o menor solubilidad en agua que determina su concentración de saturación y por tanto su facilidad para cristalizar durante la evaporación de las disoluciones que impregnan la roca. Por otra parte, por las características del sistema poroso de la roca: la cantidad de huecos vacíos, sus tamaños y formas y cómo están conectados entre sí; el sistema poroso condiciona, entre otras cosas, la cantidad de agua que la roca puede absorber, cómo se mueve a través de ella y la dinámica de humectación y secado (es decir, lo rápido que se moja y se seca) lo que, a su vez, va a determinar una mayor o menor penetración y dispersión de las sales en los muros.

La cristalización de una sal solo se produce en condiciones de saturación o sobresaturación. En una disolución sobresaturada, la sal se encuentra en una concentración límite por encima de la cual los iones que la forman no pueden permanecer disueltos, de modo que se combinan y la sal precipita. Por tanto, la precipitación se produce si se incrementa la concentración de la sal (por ejemplo, por evaporación del agua) aunque también puede producirse por un descenso de la temperatura de la disolución (Figura 5.3) o por combinación de ambos mecanismos.

Otro parámetro que también determina si una sal disuelta en agua precipita o no, es la humedad relativa ambiental (*HR*). Para cada disolución saturada de una sal se define una humedad relativa de equilibrio (*HReq*) de manera que, si la HR desciende por debajo de esta *HReq*, la sal precipita. Por ejemplo, la *HReq* de una disolución saturada de cloruro de sodio es de 75% a una temperatura de 25ºC; si la HR desciende por debajo del este valor, precipitará cloruro de sodio.

124

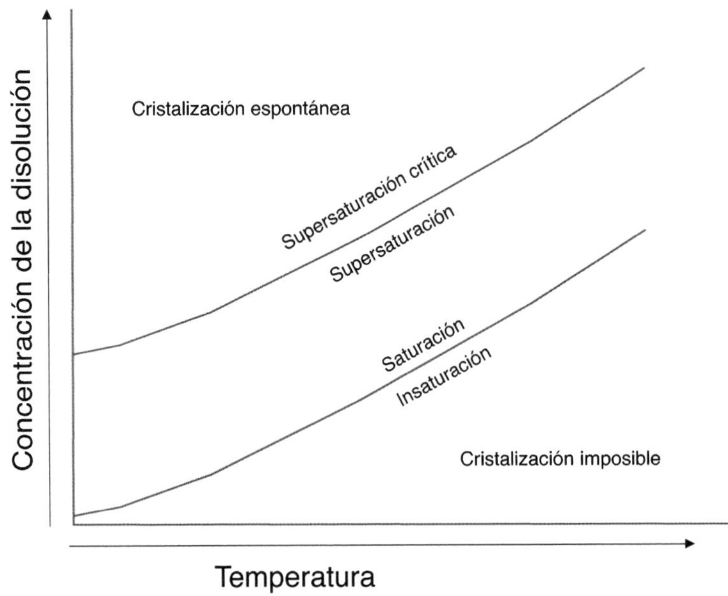

Figura 5.3. Zonas de estabilidad en la cristalización en función de la concentración de la disolución y de la temperatura. Sacado de Winkler (1975).

Así, un descenso de temperatura o el secado de la roca (que conlleva un descenso en la humedad relativa ambiental dentro de los poros) son fenómenos que favorecen que las sales disueltas que ocupan los espacios vacíos de las rocas puedan precipitar con el consiguiente efecto deteriorante. Este fundamento teórico explica que, en lugares con elevada *HR*, como ocurre generalmente en Galicia, la precipitación de las sales no se produzca con tanta frecuencia como en otros en los que la *HR* muestra mayores fluctuaciones. Pero, por otro lado, esta elevada humedad relativa ambiental también favorece la hidratación de algunas sales higroscópicas o fenómenos de delicuescencia (capacidad que tienen algunas sales de rodearse de moléculas de agua por un proceso físico de adsorción) lo que explica que muchas paredes pétreas mantengan un aspecto permanentemente húmedo.

Todo lo anterior es aplicable a sistemas de una única sal, pero la realidad es muy distinta. Las disoluciones salinas que impregnan las rocas suelen contener múltiples aniones y cationes y en estos sistemas multicomponentes la situación es compleja ya que la solubilidad de cada una de las diferentes especies salinas que podrían cristalizar se ve modificada por la presencia de iones comunes con otras.

La presión generada por la cristalización de una sal viene dada por la expresión [1] que indica que dicha presión será tanto más elevada cuanto mayor sea la relación entre la concentración real de la disolución (C) y la concentración de saturación de esta (Cs):

$$P = \frac{RT}{V_s} \ln \frac{C}{C_S} \dots \dots \quad [1]$$

A partir de esta expresión, se calcularon los valores de las presiones de cristalización de diversas sales (Tabla 5.1, sacado de [50]), comprobándose que el cloruro de sodio es una de las que mayor presión de cristalización ejerce.

Sal		$C/C_s=2$		$C/C_s=10$	
		0°C	50°C	0°C	50°C
Halita	$NaCl$	554	654	1845	2190
Epsomita	$MgSO_4 \cdot 7H_2O$	105	125	350	415
Anhidrita	$CaSO_4$	335	398	1120	1325
Yeso	$CaSO_4 \cdot 2H_2O$	282	334	938	1110
Mirabilita	$Na_2SO_4 \cdot 10H_2O$	72	83	234	277
Tenardita	Na_2SO_4	292	345	970	1150

Tabla 5.1. Presiones de cristalización (atm) de algunas sales (sacado de Winkler, 1975). C/Cs: grado de saturación (relación entre la concentración actual C y la concentración de sobresaturación Cs).

Otros modelos teóricos, como el propuesto en[51] incluyen en la ecuación factores relacionados con la estructura porosa, como el radio de poro y el radio del poro de mayor tamaño de la roca (r y R, respectivamente).

$$P = 2\rho_c s(1/r - 1/R) \quad \dots \quad [2]$$

De este modelo se deduce que las rocas que poseen poros grandes comunicados con poros de pequeño tamaño son más susceptibles al deterioro por cristalización de sales. Posteriormente, otros autores[52] demostraron que la cristalización comienza

50 Winkler, E.M. (1975). Stone: Properties, Durability in Man's Environment (2nd revised Edition). 230 S., 150 Abb., 38 Tab. Wien-New York 1975. Springer-Verlag. DM 9100. Z Allg Mikrobiol, 18: 230-230. https://doi.org/10.1002/jobm.19780180323

51 Fitzner, B.; Snethlage, R. (1982) Ueber Zusammenhange zwischen Salzkristallisationsdruck und Porenradienverteilung. GP News-letter, 3, 13-24

52 La Iglesia y col. (1997). Salt crystallization in porous construction materials I Estimation of crystallization pressure. Journal of Cristal Growth 177 pp. 111-118

126

a ocurrir en los poros de mayor tamaño y una vez que éstos se colmatan comienzan a precipitar cristales en los poros más pequeños. Otros modelos más recientes [53, 54] señalan que la presión de cristalización es mucho mayor cuanto menor es el tamaño de los poros por lo que el deterioro producido por las sales sería mayor, por tanto, en rocas que poseen poros muy pequeños.

De todos estos modelos y estudios se concluye que las sales cristalizan con mayor facilidad en los poros de mayor tamaño, pero los efectos más nocivos se producen cuando cristalizan en los más pequeños, en los cuales la presión que ejercen sobre sus paredes es mayor. En este sentido, las rocas plutónicas holocristalinas, como el granito, son especialmente susceptibles al efecto deteriorante de las sales debido a que: a) sus huecos poseen un amplio rango de tamaños (desde menos de 0,1µm de diámetro hasta más de 100µm) y están, generalmente, muy bien comunicados entre sí. Este hecho favorece que las disoluciones salinas se muevan con facilidad e implica, según la expresión [2], una mayor susceptibilidad al deterioro; b) poseen generalmente cierto porcentaje de poros de tamaño muy pequeño, por debajo de 0,1 µm. En estos poros, que suelen ser equidimensionales e intragranulares [55], la presión de cristalización de las sales es muy elevada.

Tipos de sales en monumentos gallegos y su origen
En las construcciones de piedra expuestas a la intemperie aparecen sales en mayor o menor cantidad, y así ocurre en todos los casos que se han estudiado en Galicia[56]. Las sales más comunes en los monumentos se indican en la Tabla 5.2. Téngase en cuenta que las sales solubles están formadas por aniones y cationes que en disolución están disociados y se combinan cuando precipita la sal; la sal que precipita dependerá de las condiciones ambientales (*HR* y temperatura) y de la concentración de cada ion en disolución. Los aniones encontrados con más frecuencia en las edificaciones construidas con rocas graníticas son cloruros, sulfatos y nitratos; con mucha menor frecuencia se encuentran fluoruros, fosfatos y carbonatos. Cada uno de estos

53 Benavente y col. (2004). Role of pore structure in salt crystallisation in unsaturated porous stone. Journal of Crystal Growth, Volume 260, Issues 3–4, Pages 532-544, ISSN 0022-0248, https://doi.org/10.1016/j.jcrysgro.2003.09.004.

54 Benavente y col. (2007). Salt weathering in dual-porosity building dolostones. Engineering Geology Volume 94, Issues 3–4, 2 November 2007, Pages 215–226.

55 Ordaz y col. (1983). Análisis del sistema poroso de rocas graníticas. Bol. Geol. Min. Tomo XICV-III 236-243.
Ordaz J. y Esbert R. (1977). Sobre las características geomecánicas de granitos industriales de Galicia. Bol. Geol. Min. Tomo LXXXVIII-I 65-71.
Suárez del Río (1982). Estudio petrofísico de materiales graníticos geomecánicamente diferentes. Tesis doctoral. Dpto. Petrología. Universidad de Oviedo.

56 Silva, B . y col. (2003). Soluble salts in granitic monuments: origin and decay effects. en Applied Study of Cultural Heritage and Clays. J.L.Pérez (Ed.). pp 113-130.

aniones se puede combinar con diversidad de cationes, siendo los más comunes son sodio, potasio, magnesio y calcio.

Carbonatos		Sulfatos	
Carbonato de calcio	$CaCO_3$	Yeso	$CaSO_4 \cdot 2H_2O$
Carbonato de magnesio	$MgCO_3$	Basanita	$CaSO_4 \cdot 0.5H_2O$
Nesqueonita	$MgCO_3 \cdot 3H_2O$	Epsomita	$MgSO_4 \cdot 7H_2O$
Lansfordita	$MgCO_3 \cdot 5H_2O$	Hexahidrita	$MgSO_4 \cdot 6H_2O$
Hidromagnesita	$Mg_5[OH(CO_3)_2]_2 \cdot 4H_2O$	Mirabilita	$Na_2SO_4 \cdot 10H_2O$
Natrón	$Na_2CO_3 \cdot 10H_2O$	Thenardita	Na_2SO_4
Termonatrita	$Na_2CO_3 \cdot H_2O$	Arcanita	K_2SO_4
Nacolita	$NaHCO_3$		
Trona	$Na_3H(CO_3)_3 \cdot 2H_2O$		
Cloruros		**Nitratos**	
Halita	$NaCl$	Nitrocalcita	$Ca(NO_3)_2 \cdot 4H_2O$
Silvita	KCl	Nitromagnesita	$(NO_3)_2 \cdot 6H_2O$
Bischofita	$MgCl_2 \cdot 6H_2O$	Nitratita	$NaNO_3$
Antarcticita	$CaCl_2 \cdot 6H_2O$	Nitrato amónico	NH_4NO_3
Oxalatos			
Whewellita	$Ca(C_2O_4) \cdot H_2O$		
Weddellita	$Ca(C_2O_4) \cdot 2H_2O$		

Tabla 5.2. sales más comunes en rocas de monumentos antiguos. Recopilado de Winkler (1975).

Los cloruros son fundamentalmente de origen marino y penetran en las rocas ya sea disueltos en el agua de lluvia de frentes procedentes del mar o a través de los aerosoles marinos que son transportados por los frentes nubosos, nieblas y viento. Debido al uso de cloruro sódico o sal común para conservación de los alimentos, esta sal se encuentra muchas veces en el interior de los edificios y en lugares muy alejados de la costa; en numerosos casos hemos encontrado en los monasterios y en edificios civiles un recinto cuyas paredes estaban muy afectadas por esta sal debido a las actividades de salazón. También en edificios de ciudades de clima continental, porque el cloruro de sodio se ha utilizado tradicionalmente para derretir la nieve o retardar la congelación de esta, aunque debido a los efectos dañinos que pueden ocasionar en la vegetación y los suelos se están buscando otras alternativas (cloruro potásico, cloruro cálcico, acetato de calcio y magnesio). Los cloruros también pueden pasar a la atmósfera debido a ciertas actividades industriales (plásticos, fitosanitarios, etc.) pero la incidencia de esta fuente en general es mínima en comparación con otras. Otra fuente de cloruros deriva de procedimientos constructivos incorrectos: en los morteros antiguos de numerosas iglesias de Galicia es muy frecuente encontrar fragmentos de conchas (Figura 5.4) lo que indica que se ha utilizado, como árido, arena de playa contaminada por sales. Finalmente, el uso de limpiadores a base de hipoclorito puede ser fuente de cloruros en las rocas.

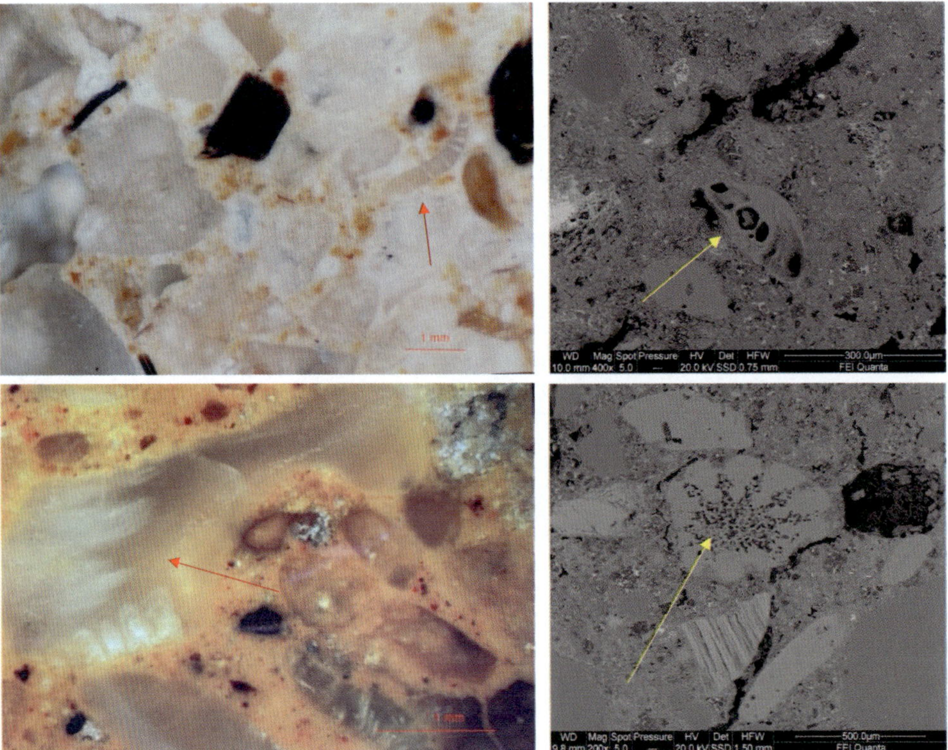

Figura 5.4. Micrografías tomadas al microscopio óptico (izquierda) y electrónico de barrido (derecha) de muestras de mortero de juntas manufacturados con arena de playa. Los granos de árido del mortero son de cuarzo, feldespatos y micas, pero también se identifican conchas de moluscos (marcados con una flecha) que indicarían como fuente de origen un sedimento fluvial o marino.

Los nitratos encontrados en las edificaciones también pueden ser aportados por el mar, pero se considera que proceden mayoritariamente del suelo y de la actividad de los seres vivos. Así, en las iglesias rurales son muchas veces las sales más comunes debido a su uso como fertilizantes en los suelos agrícolas. En cuanto al origen biogénico, puede derivarse de la descomposición bacteriana de restos vegetales o animales (téngase en cuenta que todos los seres vivos poseen compuestos de nitrógeno como componentes esenciales, que al oxidarse acaban produciendo nitratos) o de las deyecciones de animales, sobre todo aves que pueden llegar a constituir un problema para la conservación de los monumentos en muchas ciudades. Igualmente, los nitratos pueden resultar de la transformación de los óxidos de nitrógeno producidos en numerosos procesos de combustión.

Los sulfatos pueden proceder también de los aerosoles marinos o de la combustión de compuestos que contienen azufre. En las grandes ciudades y zonas industrializadas, la deposición húmeda en forma de lluvia ácida o la deposición seca en forma de partículas sólidas o gases, se considera la principal causa de la sulfatación de las piedras, en especial de las carbonatadas (capítulo 4). En Galicia, en un estudio reciente[57] centrado en monumentos situados en ambiente urbano, se constató mediante análisis isotópicos la existencia de dos fuentes para el azufre encontrado en los granitos de monumentos (que puede después transformarse en sales sulfatadas): el aerosol marino y la combustión de gasolina y diésel de los vehículos a motor.

La sulfatación se puede producir también por vía seca, fenómeno acumulativo que puede tener en ambientes poco contaminados aún más importancia de la que en principio cabría esperar. Así, en un experimento de laboratorio[58], en el que probetas de granitos gallegos unidas con mortero de cal fueron sometidas en una cámara a una concentración de SO_2 gas de 10 µg/m³ (valor ligeramente por encima del valor medio diario de Santiago de Compostela para el año 2016; el valor máximo diario en esta estación y año, según se desprende de la información recogida en la red de estaciones de control de calidad del aire de Galicia, fue de 60 µg/m³), se constató la formación de yeso en la roca siempre que se suministrase agua; la sulfatación se produjo sobre la superficie de los morteros, que aportan el calcio para la formación de yeso (sulfato cálcico) el cual migra desde aquellos al interior de la roca.

Las sales carbonatadas como el carbonato de potasio y de sodio, fuertemente alcalinas y de gran poder alterante de los materiales pétreos, proceden del cemento Portland usado en la fabricación del hormigón o como cemento para morteros de unión o incluso para revestimientos y reintegraciones de volumen.

Por último, hay otros aniones, en general minoritarios, que se encuentran ocasionalmente en las edificaciones. Uno de ellos es el fosfato, que puede aparecer en forma de fosfato de calcio y/o de magnesio los cuales se atribuyen generalmente a deyec-

57 Rivas y col. (2014). Sulphur and oxygen isotope analysis to identify sources of sulphur in gypsum-rich black crusts developed on granites. Science of the Total Environment 482–483, 137–147

58 Rivas y col. (1997). Gypsum formation in granitic rocks by dry deposition of sulphur dioxide. Proceedings of the IV Int. Symp. on the conservation of monuments in the Mediterranean Basin, Rhodes (1997), pp. 263-270.

130

ciones de aves. Los aluminatos, muy poco frecuentes, pueden encontrarse también en monumentos, en este caso, relacionados con tratamientos contraproducentes que se utilizaron en décadas pasadas. Actuaciones indebidas como la limpieza de la piedra con productos inadecuados (lejía, sosa, ácido clorhídrico, ácido nítrico, ácido fluorhídrico y jabones) son también fuente de cloruros, nitratos, fluoruros y fosfatos.

En cuanto a los cationes, los más frecuentemente encontrados en las edificaciones son sodio, potasio, magnesio y calcio. Todos ellos, además de proceder del mar pueden tener un origen terrestre ya que forman parte de los minerales constituyentes de rocas y suelos. En lo que se refiere al caso de Galicia, el K y el Na proceden fundamentalmente del feldespato potásico y de la plagioclasa, que en los granitos gallegos suele ser próxima al término albita. El Mg es esencialmente de origen marino, si bien, en situaciones particulares, el sustrato geológico puede contribuir a su presencia, y el Ca procede fundamentalmente de las argamasas usadas en morteros de juntas, cimentaciones a base de hormigón, reposiciones hechas con hormigón y, como ocurre en las Ruinas de Santo Domingo de Pontevedra [59], de restos de antiguas pinturas murales deterioradas.

Los aerosoles marinos son origen de la mayoría de las sales que se encuentran en la atmósfera, en particular en lugares con gran influencia marina como es el caso de Galicia, situada en la esquina noroeste de la península Ibérica entre el océano Atlántico y el mar Cantábrico y con 1676 km de costa en término medio. Se trata de suspensiones de pequeñas gotas de agua del mar o de disoluciones más concentradas que el mar, como consecuencia de la evaporación, así como de partículas de sales formadas por la evaporación total del agua. Se forman cuando el viento, al incidir sobre la superficie del mar, genera pequeñas burbujas que se trasladan al aire.

En Galicia, en el marco de un proyecto de investigación financiado por la Unión Europea en el que participaron varias universidades y centros de investigación, se llevó a cabo un estudio, publicado en varios artículos[60, 61], con dos objetivos principales: evaluar el alcance de los aerosoles marinos tierra dentro y analizar hasta qué punto su incidencia es responsable de la alteración de los monumentos. Para ello, se recogió durante dos años (1997 y 1998), con una periodicidad mensual, la deposición total atmosférica en 9 localidades situadas a distancias crecientes desde la costa. La deposición total unifica la deposición húmeda (es decir, la que cae en forma de agua líquida) y la deposición seca (que correspondería a las partículas que se transportan

---

59 Montojo y col. (2014)Las Ruinas de Santo Domingo de Pontevedra. Montojo C. y López de Silanes (Ed.). Servicio de Publicaciones e Intercambio Científico, Universidad de Santiago (Pub.). 192 pp

60 Silva y col. (2002). Methodological approach to evaluate the decay of granitic monuments affected by marine aerosol. Protection and Conservation of the Cultural Heritage of the Mediterranean Cities. E. Galán y F. Zezza (eds). A.A. Balkema Publishers. 365-370.

61 Silva y col. (2007). Distribution of ions of marine origin in Galicia (NW Spain) as a function of distance from the sea. Atmospheric Environment 41:4396-4407.

por vía seca en la atmósfera, y que incluirían las partículas de sal del aerosol marino). En este estudio, se consideró el cloruro como el ion marcador de la influencia marina, ya que la única fuente de cloro en esta región es el agua de mar.

Los resultados, confirmaron, por un lado, que las concentraciones de los iones sodio, cloruro, sulfato, calcio y magnesio en el flujo de deposición total durante esos dos años se correlacionan con la distancia al mar (Figura 5.5).

Todos estos iones mostraron concentraciones decrecientes a medida que se incrementa la distancia desde la costa (Figura 5.5). En todas las estaciones, el cloruro y el sodio fueron los iones mayoritarios, lo que confirma que, incluso a distancias considerables (el punto más alejado de la costa estudiado en este trabajo, en línea recta, es de 166 km), existe una contribución marina a la composición de la deposición atmosférica. Igualmente, se confirma que al menos hasta 67 km de distancia al mar, el origen de los iones sodio, magnesio y sulfato es principalmente marino.

El estudio también permitió confirmar que la actividad industrial y el sustrato geológico influyen en la composición de la deposición atmosférica. Así, en uno de los puntos de muestreo, localizado en Sarria, se produce un incremento en el sulfato de origen no marino, que se ha atribuido a la existencia de una fábrica de cementos cerca de esta localidad que utiliza pizarras y calizas como materia prima; ambas rocas contienen sulfuros como minerales accesorios por lo que las actividades de minería e industriales pueden suponer una fuente adicional de sulfato a la atmósfera. Igualmente, se encontró un ligero incremento del flujo de calcio y magnesio no marinos entre Melide y Lousada (67-105 km) que se atribuyó al sustrato geológico de rocas básicas tipo anfibolita y serpentinita en estas zonas.

En este mismo estudio se analizaron las aguas de las cabeceras de ríos situados a diferente distancia desde la costa y los resultados confirmaron lo obtenido en el estudio de la deposición atmosférica.

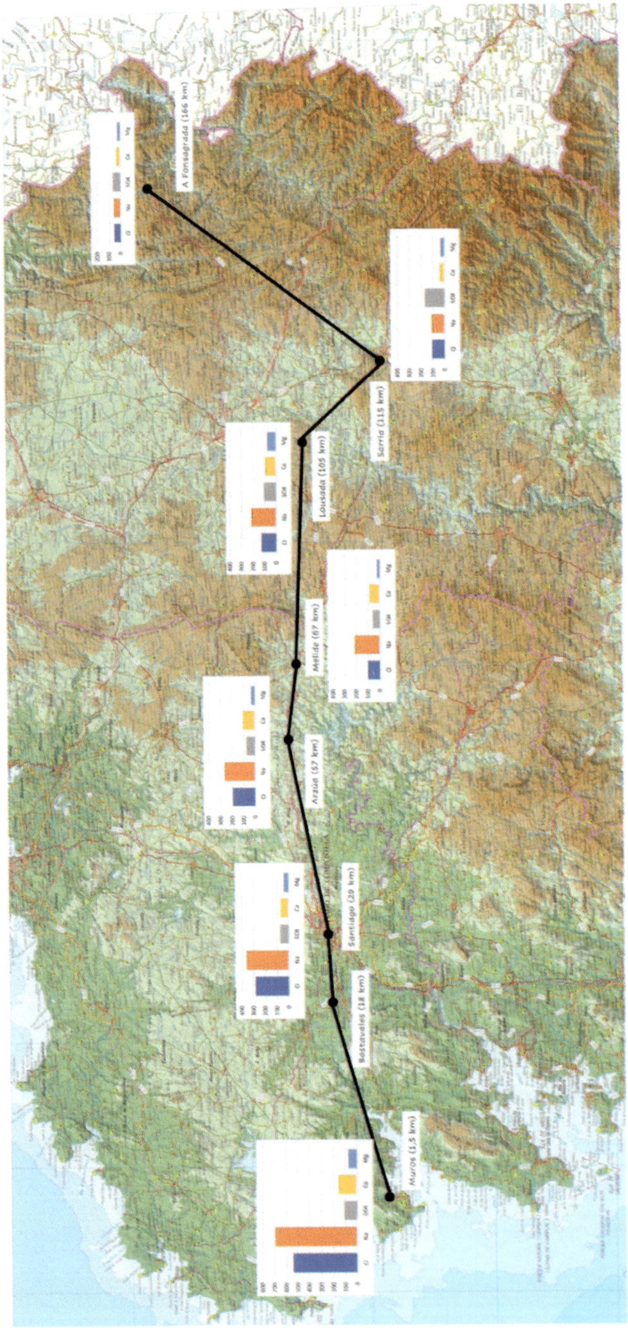

Figura 5.5. Transecto a lo largo del cual se recogió la deposición total durante los años 1997 y 1998. Comienza en Muros y finaliza en A Fonsagrada. Si indican los km de distancia en línea recta desde la costa. En cada punto se representa la cantidad de cada ion depositada por unidad de superficie (miliequivalentes por m²) para el año 1998.

Formas de alteración generadas por cristalización de sales solubles en monumentos graníticos de Galicia

De todas las formas de alteración descritas en el capítulo 4, la desagregación arenosa o arenización y las separaciones superficiales (placas, plaquetas y escamas) son las formas en que el deterioro provocado por la cristalización de sales se manifiesta en los edificios graníticos de Galicia. Son también las formas de deterioro más comunes en el patrimonio construido en granito en Galicia, si bien esto no significa que alguna otra forma pueda suponer en un caso particular un gran riesgo como, por ejemplo, las fracturas, y también son muy extendidas y de suma importancia las relacionadas con la colonización biológica.

Entre los años 1987 y 2010, se estudiaron numerosos edificios de Galicia que presentaban estas alteraciones superficiales y llevado a cabo diversas investigaciones para esclarecer su mecanismo de formación[62,63,64,65,66,67,68]. Los edificios estudiados, todos construidos con diferentes variedades de rocas graníticas, eran fundamentalmente edificios de carácter religioso, agrupando monumentos desde el estilo románico hasta el neoclásico. Se trata de iglesias situadas en núcleos urbanos (A Coruña, Santiago de Compostela) y rurales, tanto en localidades cercanas a la costa (Muros, Fisterra) como alejadas de ella (Santiago de Barbadelo, Sarria); el estudio se extendió también a todos los monumentos religiosos del Camino de Santiago desde O Cebreiro hasta Fisterra.

Lo primero que llamó la atención en estos estudios fue la diferente distribución de estos dos tipos de patologías tanto geográficamente como, en los edificios, teniendo en cuenta la orientación geográfica. Las arenizaciones están muy extendidas en todos los edificios graníticos de Galicia, pero hay casos particularmente severos en edificios situados en localidades costeras y, especialmente, en las paredes expuestas a los vientos procedentes del mar y a una altura considerable, generalmente a partir de la cuarta o quinta hilada de sillares, muchas veces en los elementos más elevados

62 Silva y col. (1993). Metodología aplicable al estudio de la alteración de rocas graníticas usadas en construcción. Cuaderno Lab. Xeolóxico de Laxe, 18: 345 354.

63 Casal Porto. (1989). Estudio de la alteración del granito en edificios de interés histórico de la provincia de La Coruña. Tesis doctoral, Universidade de Santiago de Compostela.

64 Rivas Brea. (1996). Mecanismos de alteración de las rocas graníticas utilizadas en la construcción de edificios antiguos en Galicia. Tesis doctoral, Universidade de Santiago de Compostela.

65 Silva, B.M. y col. (1996). A comparison of the mechanisms of plaque formation and sand disintegration in granite in historic buildings. Degradation and Conservation of granitic rocks in monuments. M.A. Vicente, J. Delgado, J. Acevedo (eds.). European Commission DG XII (publ.). 269-274.

66 Silva y col. (2002). Methodological approach to evaluate the decay of granitic monuments affected by marine aerosol.

67 Silva y col. (2003). Soluble salts in granitic monuments: origin and decay effects. en Applied Study of Cultural Heritage and Clays. J.L.Pérez (Ed.). pp 113-130.

68 Silva Hermo y col. (2010). Gypsum-induced decay in granite monuments in Northwest Spain. Materiales de construcción vol. 60, 297, 97-110.

como campanarios y torres (*Figura* 5.6). En estas situaciones también se han encontrado ocasionalmente alveolizaciones, cuando el granito presenta heterogeneidades que favorecen su formación.

134

Figura 5.6. A la izquierda, casa construida con granito en Muros. Se aprecia que la mayor intensidad de arenización y alveolización se concentra en el esquinal del edificio a una altura superior a 2 m (sacada en 2019). En el centro, muro de Santa María Salomé (Santiago de Compostela, 2023) en donde se aprecia formación de separaciones superficiales, más intensas entre 50-100 cm de altura. A la derecha, detalle de la superficie del granito en la torre de Santo Domingo de A Coruña, con intensa alveolización (2023).

Las placas y/o plaquetas son también muy frecuentes y extendidas en toda Galicia y aparecen sobre todo en las paredes no sometidas a lluvia o insolación directa; frecuentemente aparecen bajo soportales y en los claustros. Son más abundantes en la parte inferior de los muros estando generalmente mejor formadas en la tercera-cuarta hilada de sillares (Figura 5.6). No suele haber desplacación en la primera hilada, en contacto con el suelo, donde la piedra está húmeda de forma casi permanente y muchas veces se ve afectada por manchas y colonización biológica. A partir de la cuarta hilada es rara su presencia si bien ocasionalmente aparecen a mayor altura cuando existe algún elemento arquitectónico que retenga el agua, como una cornisa o balcón (Figura 4.25, capítulo 4). En los edificios costeros las separaciones superficiales suelen tener poco espesor y ser discontinuas y poco desarrolladas, respondiendo más bien a la tipología de escama.

Mecanismos de deterioro por cristalización de sales solubles en monumentos graníticos de Galicia

Para esclarecer el mecanismo de formación de ambas patologías, separaciones superficiales y arenización, se tomaron muestras de ambas formas de alteración (placas, plaquetas o escamas según los casos) en todos los monumentos seleccionados a diferentes alturas en los muros, así como de morteros de juntas. En la Iglesia de Santo Domingo de A Coruña y en la iglesia de Santa María Salomé en Santiago de Compostela se extrajeron, además, testigos cilíndricos de roca en profundidad y en el Pazo de Monroi y en el Monasterio de San Martín Pinario (ambos en Santiago de Compostela) se pudo obtener en cada uno de ellos un sillar de un muro, lo que permitió comparar desde diferentes puntos de vista la zona interna de la roca (no alterada) con las alteraciones superficiales. Además, en los casos de cinco monumentos (Santa María de Fisterra, Iglesia del Buen Suceso, San Pedro de Muros, San Martín Pinario y el Pazo de Monroi) se pudieron localizar las canteras o afloramientos rocosos de donde procede la piedra, en los cuales también se tomaron muestras. Esto fue de gran interés porque, por una parte, permitió disponer de muestra en cantidad suficiente, que no es posible tomar en los monumentos, para llevar a cabo ensayos en el laboratorio o para realizar determinados análisis según las normas (que requieren una cantidad de roca importante) y, por otra parte, para comparar la evolución de los procesos de alteración en las construcciones y en el medio natural.

Sobre las muestras tomadas se realizaron los análisis descritos a continuación que se adaptan a un protocolo que en los inicios de este tipo de investigaciones hubo que definir específicamente para estos estudios[69] y que respondían a tres propósitos diferentes:

1. Saber si la roca había sufrido cambios mineralógicos que pudieran explicar el deterioro, para lo cual se aplicó la difracción de rayos X (DRX), técnica destructiva que permite conocer qué minerales contiene la roca por encima de 1%.

2. Saber si la roca había perdido elementos químicos (por ejemplo, K a partir de los feldespatos o Na de las plagioclasas) para comprobar hasta qué punto el deterioro está relacionado con estos cambios en la composición química. Para eso, las muestras de roca se atacaron con una mezcla de ácidos y en la disolución obtenida se determinaron los elementos químicos presentes mediante métodos espectrométricos, como la espectrometría de absorción y emisión atómica o la Espectrometría de Masas con Plasma Acoplado Inductivamente (ICP).

3. Extracción de sales solubles. Para ello, las muestras de roca se desmenuzaron y se agitaron en agua ultrapura para disolver las sales que pudieran existir, que se determinaron mediante cromatografía iónica y espectrometría. Es importante señalar la diferencia con respecto al análisis anterior: la extracción en agua permite analizar los elementos químicos más fácilmente solubilizables que son los que están formando sales solubles y no los que componen los minerales del granito. Mediante este análisis puede compararse el contenido de sales de muestras tomadas a diferente altura en los muros y de muestras tomadas a

---

69 Silva y col. (2003). Soluble salts in granitic monuments: origin and decay effects. en Applied Study of Cultural Heritage and Clays. J.L.Pérez (Ed.). pp 113-130.

diferentes profundidades en los sillares (cuando es posible perforarlos) lo que permite indagar acerca del posible origen de las sales y de las dinámicas de su movilización en los muros.

136   4.   En los casos en los que se pudo disponer de sillares enteros, se determinaron algunos parámetros físicos de interés, como la porosidad accesible al agua o la resistencia a compresión simple. También se estudió con detalle la zona correspondiente a los primeros 10 cm desde la superficie por medio de técnicas de microscopía (microscopía óptica de luz fluorescente, microscopía petrográfica, microscopía electrónica de barrido).

Los análisis mineralógicos y geoquímicos revelaron que tanto las muestras de las alteraciones superficiales (arenizaciones, desplacaciones y descamaciones) como las muestras tomadas en profundidad en las paredes de los monumentos, a partir de las probetas cilíndricas o de los sillares extraídos, presentaban un grado de meteorización similar. Igualmente, no se encontraron diferencias en cuanto a la composición química y mineralógica entre las muestras de los monumentos y las de las canteras de origen. Así, en todas se detectaron los minerales esenciales del granito y, cuando se identificaron minerales secundarios (es decir, formados por meteorización de la roca) como la caolinita o vermiculita, éstos aparecían en todas las muestras (incluidas las de las canteras de origen) en proporción similar. Esto indica que estos minerales ya existían en la roca cuando fue utilizada como material constructivo y que una vez puesta en obra la hidrólisis no progresó o lo hizo de un modo inapreciable. En cuanto a la composición química, el contenido de Na, K, Ca y Mg propio de los minerales de la roca fue similar en zonas alteradas y sanas lo que indica que la roca no había sufrido, durante su deterioro, una alteración geoquímica (Figura 5.7). Todos estos resultados confirman que la alteración química y mineralógica no es el mecanismo responsable de estas formas de alteración.

Por el contrario, la porosidad fue considerablemente mayor en las muestras de alteraciones superficiales en comparación con las zonas internas no alteradas y las muestras de cantera (Figura 5.7). Esta diferencia se manifestó en los valores de porosidad accesible al agua, más elevados en áreas alteradas próximas a la superficie.

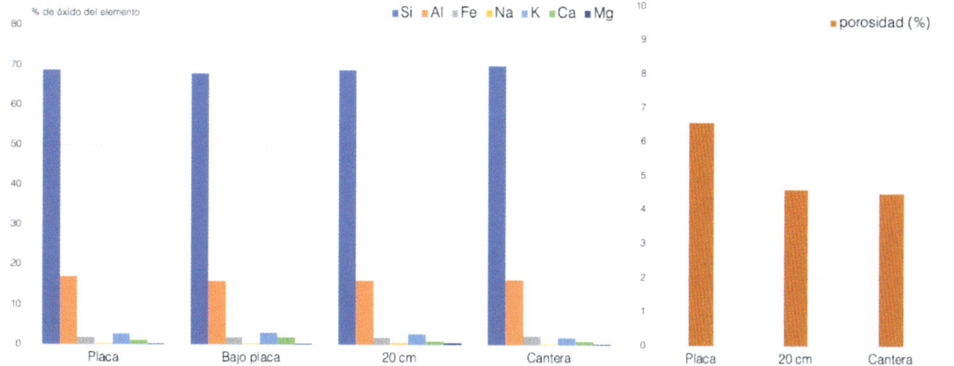

137

Figura 5.7. El gráfico de la izquierda representa el contenido de diferentes elementos químicos (en % de óxido) en varias muestras de un sillar extraído en San Martín Pinario, afectado por formación de placas. Se muestra el contenido en la propia placa, bajo ella y a 20 cm de profundidad desde la superficie; se indica también el contenido de los elementos en el mismo granito procedente de cantera: se puede comprobar que apenas hay diferencias entre las muestras, lo que indica que el grado de meteorización química es similar. A la derecha, se muestra el % de porosidad accesible al agua de la placa del mismo sillar, de un fragmento a 20 cm de profundidad y de una muestra de cantera; aquí sí se aprecian diferencias: la porosidad de la placa es sensiblemente más elevada que la del interior del sillar y de la roca de cantera.

La mayor porosidad de las áreas alteradas se puso de manifiesto también mediante técnicas de microscopía. La microscopía óptica con luz fluorescente permitió ver muy bien los huecos de la roca y diferenciarlos de los granos minerales. En las imágenes de la Figura 5.8, tomadas con este microscopio, los huecos aparecen de color rojo; mediante esta técnica se apreció que las placas y/o plaquetas presentaban un elevado grado de fisuración y que la mayoría de las fisuras eran transgranulares, mientras que en las muestras afectadas por desagregación granular la fisuras eran predominantemente intergranulares. En las zonas afectadas por separaciones superficiales, se apreció que las fisuras que desencadenan la formación de la placa atraviesan los minerales, incluso perpendicularmente a sus planos de exfoliación (Figura 5.8).

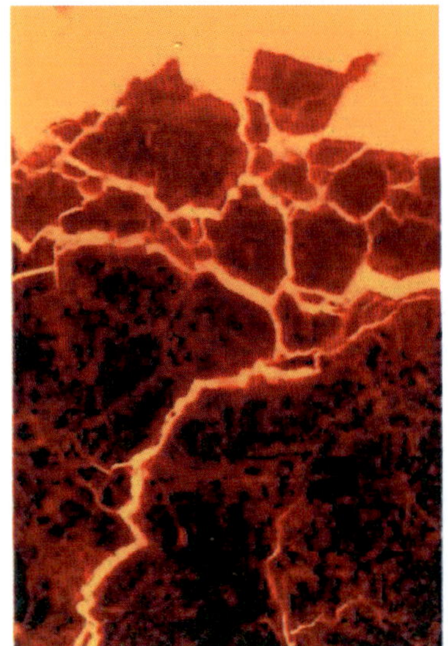 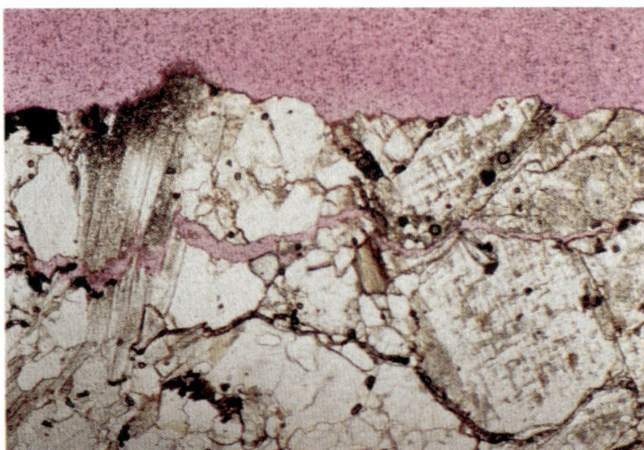

Figura 5.8. Micrografía tomada con microscopía óptica de luz fluorescente de la sección transversal de un sillar afectado por arenización procedente de Santo Domingo de A Coruña (izquierda) y de la sección transversal de la superficie de un sillar con placas procedente del Monasterio de San Martín Pinario (Santiago de Compostela, derecha). En la microfotografía de la izquierda se observan los poros y fisuras de la roca, en rojo, que son más numerosas cerca de la superficie arenizada, y se trata fundamentalmente de fisuras que rodean los granos. En la imagen de la derecha se observa la sección transversal de un sillar afectado por separaciones superficiales usando luz en el espectro visible. La fisura que genera la placa, en color rosa, es de tipo transgranular ya que atraviesa granos minerales, e incluso rompe en dos un grano de moscovita perpendicularmente a sus planos de exfoliación. Sacado de Rivas (1996).

Todos los resultados anteriores llevan a pensar que en el desarrollo de estas formas de alteración están implicados mecanismos físicos que modifican las características de las de la roca en las zonas más cercanas a la superficie.

Las extracciones de sales confirmaron la existencia de una elevada concentración de aniones y cationes, tanto en las muestras de arenizaciones como en las de separaciones superficiales. En ambos casos, el contenido de sales en muestras del interior de los sillares o en muestras procedentes de cantera fue despreciable, lo que indica que la entrada de sales se produce a partir del momento en que la roca es puesta en obra.

Se encontró una diferencia importante entre ambas formas de alteración en cuanto a la naturaleza de las sales: en las arenizaciones había un claro predominio de cloruro y sodio mientras que en las placas y plaquetas predominaban el sulfato y el calcio. En los edificios costeros las separaciones superficiales estaban pobremente desarrolladas y respondían a la tipología de escamas. Así, mientras que, en las placas, los iones mayoritarios fueron sulfato y calcio, en estas escamas de monumentos cercanos al mar, el anión mayoritario fue el sulfato, pero como cationes aparecían en cantidades importantes tanto Ca como Na. Representando el contenido de iones en un diagrama Langelier-Ludwing resulta muy evidente el predominio de unos u otros iones en las diferentes formas alteración; nótese como los datos correspondientes a las muestras de escamas recogidas en edificios del litoral se sitúan en una zona intermedia del diagrama (Figura 5.9).

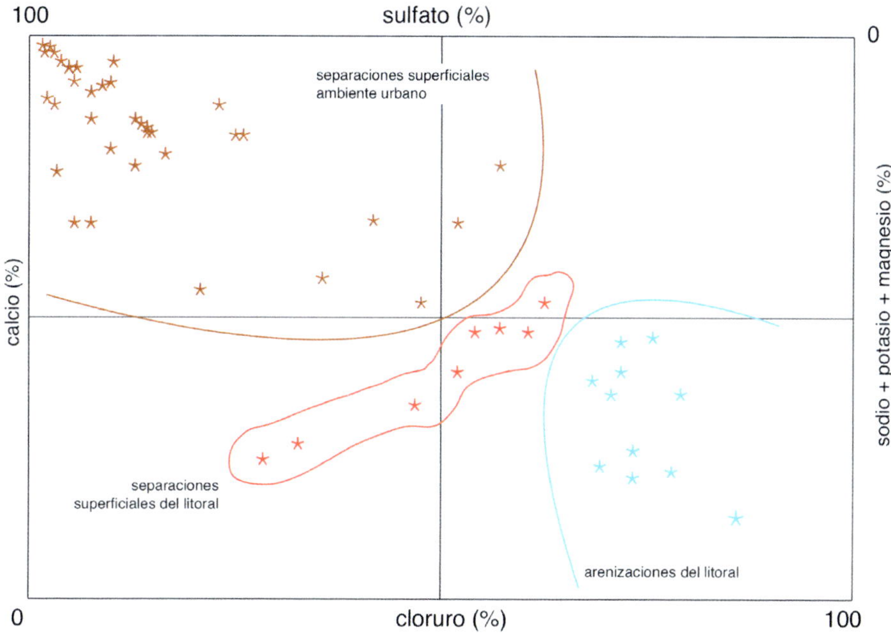

Figura 5.9. Diagrama Langelier-Ludwig que recoge los valores del contenido de diferentes iones de todas las muestras de separaciones superficiales y arenización recogidas en numerosos monumentos graníticos de Galicia (Silva y col. 2003). Las muestras de separaciones superficiales caen en la esquina definida por los mayores contenidos de sulfato y calcio, mientras que las muestras de arenización caen en el campo contrario, el definido por el cloruro y el sodio. Las muestras de separaciones superficiales de edificios costeros se sitúan en el campo intermedio, es decir, contienen sulfato y cloruro en cantidades más o menos equilibradas.

Con respecto a la distribución de iones en profundidad en los sillares afectados por ambas formas de alteración, se constató que los iones presentes (cloruro y sodio en sillares afectados por arenización; sulfato y calcio en sillares afectados por despla-caciones) se encontraban en cantidades elevadas en los niveles más cercanos a la superficie, disminuyendo drásticamente en profundidad (Figura 5.10). Sin embargo, en algunos sillares que presentaban separaciones superficiales, la concentración de sulfato y de calcio alcanzaban concentraciones máximas justo por debajo del nivel más superficial (entre 0,5-1 cm); en efecto, en estos casos se encontró yeso cristalizado en el hueco debajo de la placa o plaqueta.

En cuanto a la distribución en altura de estos cuatro iones en los muros, se constataron claras diferencias. En los muros afectados por desagregación arenosa, los iones se distribuían de forma aproximadamente uniforme en altura y no se observó un mayor contenido de iones en las áreas más severamente arenizadas. Sin embargo, en las paredes que presentaban separaciones superficiales se detecta una mayor concentración de los iones mayoritarios, sulfato y calcio, coincidiendo con la presencia de estas patologías (Figura 5.10).

En las investigaciones comentadas anteriormente, se concluyó, a partir de todos estos resultados, que son dos los factores que determinan la aparición de arenizaciones o de separaciones superficiales: a) el tipo de sal y sus diferentes solubilidades, y b) las condiciones ambientales locales de los muros afectados.

En el caso de la arenización, la sal predominante es el cloruro de sodio que llega a las paredes principalmente a través de la atmosfera, ya sea disuelto en la lluvia o como constituyente del aerosol marino, penetrando en la roca cuando esta se moja. Así, en un edificio, sobre todo si está cerca de la costa, se detectan cloruros principalmente en las fachadas expuestas a los vientos que proceden del mar y, en casi todos los casos, a grandes alturas en los muros. Debido a que la fuente de esta sal es la atmósfera, es lógico que su contenido en la roca sea más o menos similar a lo largo y ancho de la misma fachada; si hay variaciones, éstas están claramente relacionadas con las áreas de mayor incidencia del viento.

Una vez que la disolución salina rica en cloruro impregna la roca, se movilizará en función de las condiciones de humedad que existen en el interior de los poros de la roca y de los huecos de la fábrica y en función de la humedad relativa ambiental. Cuando comienza el secado de la pared, el agua se va moviendo hacia la superficie de evaporación, es decir, hacia la superficie en contacto con el aire (donde la humedad relativa es menor), primero en forma líquida por fuerzas capilares y después en fase vapor, y lo hace llevando cloruro y sodio en disolución. Durante este proceso, el contenido de agua se va reduciendo en las zonas más cercanas a la superficie (ya que el agua en estas zonas se está evaporando) y, en consecuencia, la concentración de cloruro y sodio en disolución se incrementa. Así, dependiendo de la temperatura del sistema, se produce la precipitación de la sal justo en los lugares en que se alcanza la concentración de sobresaturación.

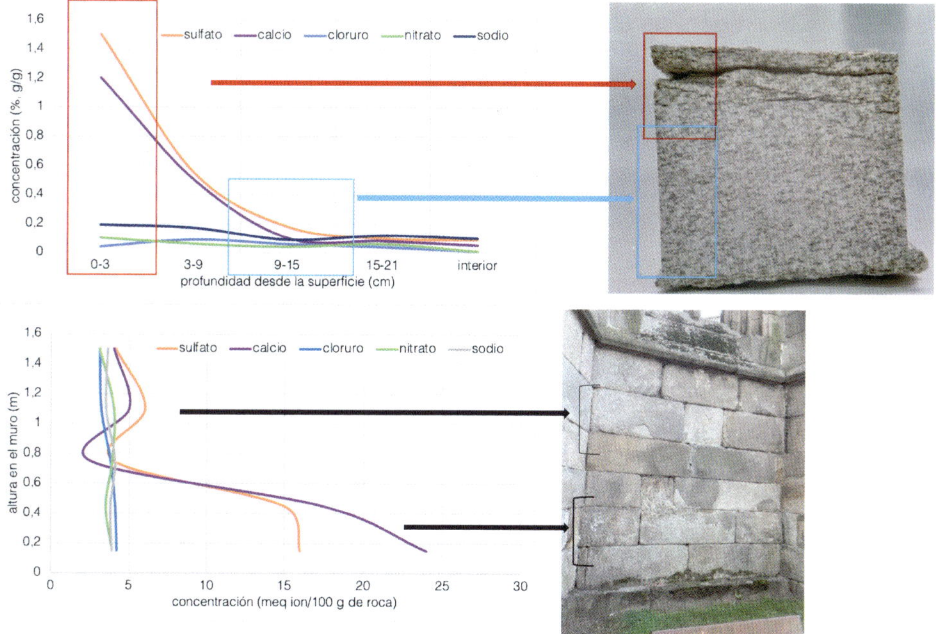

Figura 5.10. La gráfica superior representa el contenido de diferentes iones en muestras tomadas a diferentes profundidades de un sillar afectado por separaciones superficiales. Se constata que las separaciones superficiales poseen elevados contenidos de sulfato y de calcio. En la gráfica inferior se representa el contenido de diferentes iones en muestras de separaciones superficiales recogidas a diferentes alturas en los muros. Los valores más elevados de sulfato y de calcio coinciden, en el muro, con las zonas de mayor intensidad de desarrollo de placas.

El cloruro de sodio tiene una solubilidad en agua muy elevada (1L de agua puede contener hasta 359 g de NaCl de sodio en disolución) y por esa razón, ambos iones son capaces de permanecer disueltos incluso en situaciones de bajo contenido de agua, de manera que precipitarán en una zona cercana a la superficie cuando la piedra prácticamente se haya secado. Por otra parte, al ser esta sal tan soluble es capaz de mantenerse disuelta en el agua que tapiza los espacios más pequeños, que son las fisuras intergranulares (entre los granos) y las intragranulares (las que existen dentro de los granos minerales). Por tanto, si se producen procesos alternantes de disolución y cristalización, los espacios vacíos que más sufren los efectos de la presión de cristalización son los que rodean los granos minerales y los que se encuentran en el interior de los granos, provocando la desagregación arenosa.

Si bien el cloruro de sodio es desencadenante de la desagregación de la roca, el viento juega un papel fundamental en este proceso. Por una parte, acelera la evaporación en la zona más superficial y por otra actúa como un agente mecánico provocando el desprendimiento de los granos: en el momento en que cae un grano de la superficie rocosa se produce una depresión lo que favorece que se formen turbulencias locales que incrementan la caída de otros granos. Este mecanismo es confirmado por el hecho de que las áreas más arenizadas de los edificios costeros son aquellas donde las corrientes de viento inciden de forma más acusada.

En el caso de las separaciones superficiales en forma de placas, plaquetas y escamas, la solubilidad de la sal implicada -el yeso- y la dinámica de movilización de agua por ascenso capilar y de evaporación son los procesos fundamentales puestos en juego. En los edificios afectados por esa forma de alteración, las placas nunca suelen desarrollarse a mayor altura del frente de ascenso capilar. Por otra parte, todos los estudios coinciden en atribuir la fuente de sulfato de calcio a la disolución de otros materiales constructivos (revocos interiores, morteros hechos a base de yeso, hormigones de las cimentaciones). El agua de ascenso capilar, por tanto, moviliza estos dos iones, arrastrándolos en disolución hasta el límite del ascenso capilar. Posteriormente, cuando la roca se seca, el yeso es susceptible de precipitar rápidamente, dado que es moderadamente soluble y a poco que se evapore el agua se alcanza la concentración de sobresaturación, precipitando por debajo de la superficie. Con estas premisas, ¿cuál podría ser el mecanismo que genera las placas en granitos? La hipótesis más probable derivada de las investigaciones citadas llevadas a cabo en monumentos gallegos es que, después de sucesivas cristalizaciones, el yeso se acumula en un nivel específico debajo de la superficie de la piedra; la presión que ejercen los cristales sobre las paredes de las fisuras hace que éstas se abran, por lo que la acumulación puede ser la causa directa de la separación de la placa. El hecho de que las placas siempre se desarrollen paralelas a la superficie de los sillares (incluso rodeando la superficie de las columnas) descarta que la formación de las placas en granitos esté determinada por la existencia de planos de debilidad de la roca; en realidad, el hecho de que sean siempre paralelas a la superficie se debe a que el frente de evaporación de las disoluciones en las paredes se distribuye también, y siempre, paralelo a la superficie, determinando con ello que la distribución de la cristalización de la sal durante el secado también sea paralela a la superficie.

Al igual que en el caso de la desagregación arenosa, en el proceso de formación de las separaciones superficiales son fundamentales los ciclos de humectación y secado, de ahí la importancia de las condiciones ambientales a las que está sometida la pared de granito. El hecho de que las separaciones superficiales aparezcan en las primeras cuatro-cinco hiladas de sillares (especialmente entre 50 cm y 1,5 m) indica que el aporte de humedad desde el suelo o subsuelo y, consiguientemente, la altura alcanzada por el frente de ascenso capilar, juegan un papel determinante.

Un caso de estudio muy útil para evaluar la influencia de las condiciones ambientales en el proceso fue el Claustro Procesional (o Claustro de la Portería) del Monasterio de

San Martín Pinario (Santiago de Compostela) debido a que es un recinto semicerrado y que los cuatro muros que lo delimitan están orientados hacia los cuatro puntos cardinales. El muro orientado al norte presenta numerosas plaquetas bien formadas en las cuatro primeras hiladas de sillares, hasta una altura de 1,5-2 metros; en el orientado al sur predominan las escamas, las plaquetas son muy raras y presenta también algunas eflorescencias blanquecinas y poco adheridas a la piedra; los muros oeste y este presentan una situación intermedia: escamas abundantes y alguna plaqueta hasta una altura de unos 80 cm (*Figura* 5.11).

Durante veintiocho meses se realizó un estudio de las condiciones microclimáticas del Claustro: se registró la humedad relativa y la temperatura ambiental en los corredores y, cada quince días, se midió la temperatura de las paredes y su contenido de humedad. Los resultados indicaron que en la mayor parte del tiempo el muro orientado al sur es más cálido y seco que los demás, a lo que sin duda contribuye el hecho de que en primavera y otoño en días soleados recibe irradiación solar en áreas concretas (*Figura* 5.11) y también las frecuentes corrientes de aire en el corredor adyacente. Por el contrario, el muro orientado al norte es el más frío y húmedo: el sol nunca incide sobre él y su temperatura frecuentemente desciende por debajo del punto de rocío lo que provoca episodios de condensación de agua. Por otra parte, en los días de fuertes lluvias, el agua alcanza el corredor adyacente a este muro formándose charcos en el suelo. Las medidas del contenido de humedad también dieron valores más altos en el muro norte, especialmente en los días que siguen a las lluvias; a este respecto hay que tener en cuenta que el piso de los corredores es un enlosado de granito sobre un solado de barro y piedras, es decir, capaz de retener agua largo tiempo.

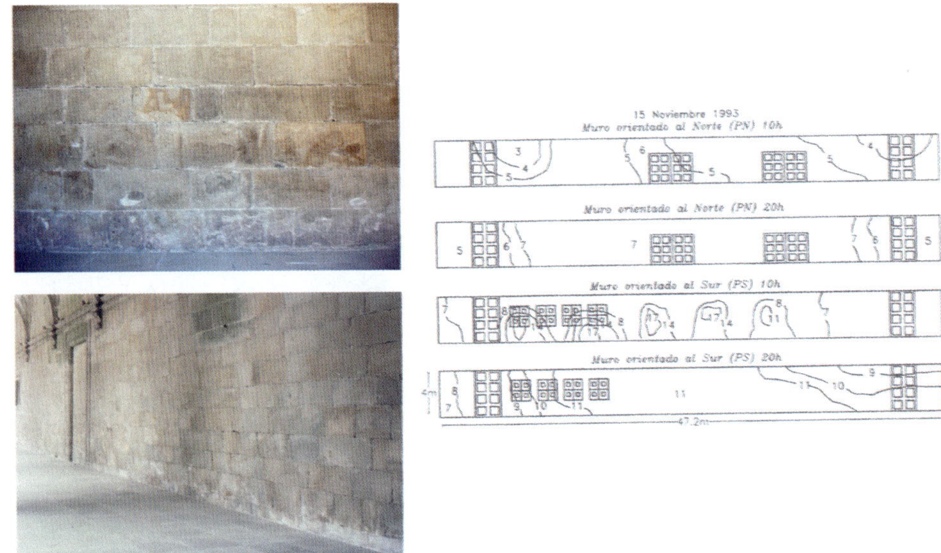

Figura 5.11. Muro orientado al norte del claustro de San Martín Pinario, con desarrollo de placas (superior izquierda) y muro orientado al sur del mismo claustro, con desarrollo de escamas y eflorescencias salinas (inferior, izquierda). Se muestra el mapa de isotermas de ambos muros correspondiente a dos momentos diferentes de un día (10 h y 20h; sacado de Rivas, 1996): se observa que, en el muro norte, apenas existe oscilación térmica y las temperaturas son bajas mientras que, en el muro sur, por el contrario, la evaporación del agua de la roca se ve favorecida por las temperaturas más elevadas y por la incidencia de la luz solar (nótese que las isotermas, en este muro, adquieren la misma forma que las arcadas del claustro por las que penetra la luz).

Este estudio puso en evidencia que el aporte de agua a los muros de este claustro tenía dos orígenes: el ascenso capilar desde el suelo y subsuelo y la condensación, aunque no se descartó la posibilidad de un pequeño aporte a partir de la absorción de vapor de agua de la atmósfera. Este diferente aporte, así como la distinta dinámica de evaporación y secado de los muros (debido a su diferente orientación geográfica) podría explicar la razón de que en el muro orientado al norte se formen placas y en el sur apenas se desarrollen escamas y sean más abundantes las eflorescencias. Así, la hipótesis sobre lo que puede estar ocurriendo se explica gráficamente en la Figura 5.12. En el muro norte el mayor aporte de agua determina una mayor altura de las plaquetas en el muro y un mayor espesor de las mismas; los iones aportados por las argamasas se movilizan alcanzando una mayor altura (dado que el aporte de agua por capilaridad es mayor) y mayor profundidad en el muro. Cuando la roca comienza a secarse, se genera un frente de evaporación desde el interior de los sillares de manera que, a medida que se acerca a la superficie, se va saturando cada vez más en la sal que lleve disuelta; en este caso el yeso. Y como esta sal es moderadamente soluble, el frente de agua que se evapora alcanza la concentración de sobresaturación mucho antes de llegar a la superficie, provocando que precipite siempre a unos milímetros por debajo de la superficie. Sin embargo, en el muro sur el aporte de agua es menor, los iones se movilizan menos y el yeso precipita más cerca de la superficie o incluso sobre ella, formando en consecuencia separaciones de menor espesor y eflorescencias.

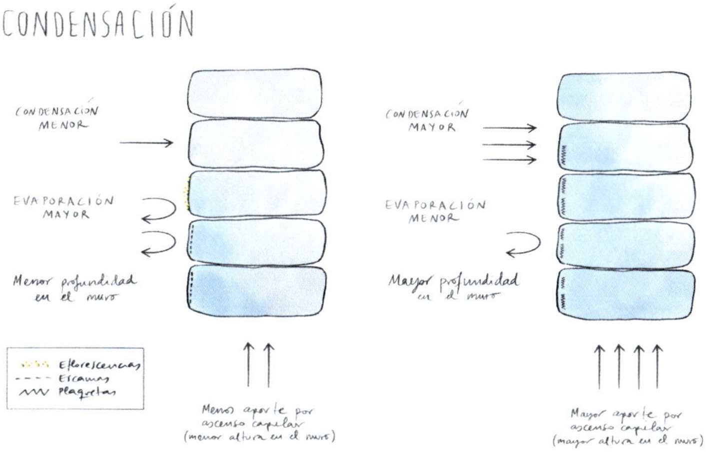

Figura 5.12. Hipótesis de la formación de placas, escamas y eflorescencias por cristalización de sulfato de calcio en dos muros sometidos a diferentes aportes de humedad y dinámicas de evaporación (sacado de Silva y col. 2003). Ilustración de Clara Cerviño.

Capítulo 06
Biodeterioro y biorreceptividad

Biodeterioro. Factores ambientales que determinan la colonización biológica. Agentes de biodeterioro. Tipos de organismos. Colonización biológica y biodeterioro en Galicia. Biorreceptividad de rocas graníticas.

Biodeterioro

Toda superficie expuesta a la intemperie acaba siendo colonizada por organismos y/o microorganismos. Cuando esto ocurre sobre un monumento u otras edificaciones supone un importante problema para su conservación pues, además de efectos puramente estéticos, los organismos causan daños sobre los materiales como consecuencia de su actividad metabólica. Este proceso de alteración se conoce como biodeterioro y fue definido por primera vez en 1965 por Hueck[70] como cualquier cambio indeseable en las propiedades de un material producido por la actividad de los organismos vivos.

Todos los organismos y microorganismos (bacterias, cianobacterias, algas, hongos, líquenes, briófitos, plantas vasculares, animales) son potenciales agentes de biodeterioro; incluso se podría incluir la actividad humana ya que muchas veces el ser humano ejerce efectos negativos sobre los bienes culturales por vandalismo, abandono o intervenciones no adecuadas.

En el proceso de biodeterioro están implicados, además de los seres vivos, aquellos factores que condicionan el desarrollo de los organismos tales como la naturaleza y características del material y las condiciones ambientales. De esto se deduce que, para el estudio de este proceso, deben valorarse los aspectos bióticos y abióticos pues solo de este modo se podrá diseñar un plan de intervención enfocado no solo a eliminar los agentes biodeteriorantes sino también a prevenir su aparición.

---

70 Hueck H.J. (1965). The biodeterioration of materials as a part of Hylobiology. Mater Organismen 1: 5-34

Factores ambientales que determinan la colonización biológica

El ambiente que rodea un edificio está determinado en primer lugar por el clima local, que se caracteriza por parámetros como temperatura, pluviosidad y humedad relativa, horas de luz, etc. y, en segundo lugar, por otras circunstancias de la superficie considerada como son su orientación geográfica, su inclinación con respecto a la vertical, su distancia al suelo, etc.

La **luz** es la principal fuente de energía para los organismos fotosintéticos tales como algas, cianobacterias, líquenes, briofitos y plantas vasculares, y por tanto un condicionante para su desarrollo. Para los organismos no fotosintéticos puede ser un factor positivo, indiferente e incluso negativo; además la tolerancia a la luz puede variar durante el ciclo vital de un organismo.

Tanto la duración de los períodos de luz como su intensidad influyen en la fotosíntesis hasta el punto de que pueden convertirse en factores limitantes, hecho que puede ser tenido en cuenta con fines preventivos. Otra propiedad determinante en el proceso es la calidad de la luz, es decir la longitud de onda de las radiaciones puesto que cada pigmento fotosintético absorbe energía de determinada longitud de onda (Figura 6.1). Por ejemplo, la clorofila no absorbe las radiaciones verdes, sino que las refleja y por eso los organismos con clorofila como pigmento mayoritario son, generalmente, de color verde, y son otros pigmentos como la eritrina y la ficocianina, presentes en algunos organismos fotosintéticos, los que absorben las radiaciones en esta banda del espectro. El conocimiento del tipo de energía lumínica que interviene en el proceso vital de la fotosíntesis puede ser empleado en el campo de la conservación de obras de arte para prevenir el desarrollo de organismos fotosintéticos[71].

---

71 Sanmartín y col. (2017) Controlling growth and colour of phototrophs by using simple and inexpensive coloured lighting: A preliminary study in the Light4Heritage project towards future strategies for outdoor illumination. International Biodeterioration & Biodegradation 122: 107-115.

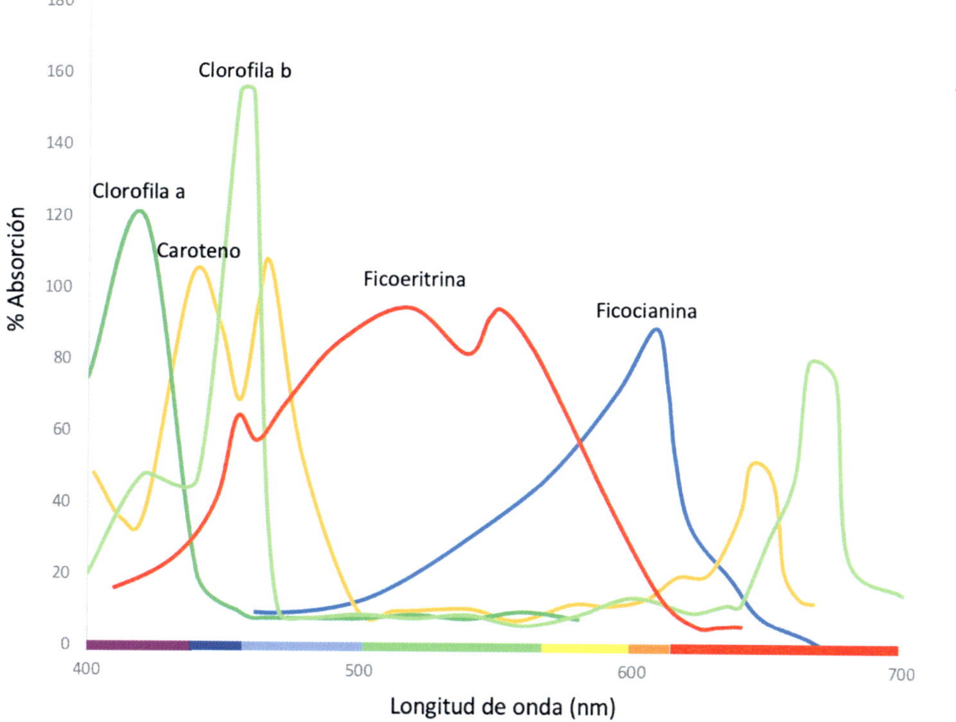

Figura 6.1. Espectro de absorción de los distintos pigmentos fotosintéticos.

La **temperatura** afecta a la velocidad de las reacciones bioquímicas, de ahí que sea un parámetro regulador del crecimiento de los organismos. La vida se da en un amplio rango de temperaturas y hay poblaciones que se adaptan a condiciones extremas, pero hay que distinguir entre las condiciones favorables para la vida activa y las de supervivencia. En términos generales, la mayoría de los organismos y microorganismos colonizadores de los materiales se desarrollan de forma óptima entre 25 y 35 ºC.

Además, hay que tener en cuenta que la temperatura influye de manera importante en la humedad relativa del aire y en el contenido de agua de los materiales que actúan como sustrato de la colonización; esto es particularmente notorio en el caso de la piedra. El **agua** es una sustancia esencial para la vida, es indispensable para las funciones vitales de todos los organismos ya que constituye la mayor parte de la célula y gobierna los intercambios metabólicos con el medio externo. Tanto es así que la escasez de agua es un factor limitante para la mayoría de los organismos colonizadores de rocas.

150

Las comunidades biológicas que colonizan las paredes de una edificación toman el agua de la lluvia, de la humedad atmosférica o bien del agua almacenada en el sistema poroso de los materiales constructivos. La pluviosidad, y sobre todo su distribución en el tiempo, tiene gran importancia para garantizar un aporte continuado de agua, así como la humedad relativa del aire. Valores de humedad relativa superiores a 65-70 % son considerados óptimos para el desarrollo de la mayoría de las especies[72]. En cualquier caso, la capacidad del material, roca u otros, para retener el agua es fundamental para el proceso de colonización biológica, al menos en los primeros estadios, de ahí que la mayor o menor susceptibilidad de este para ser colonizado dependa sobre todo de su comportamiento frente al agua[73].

Otro factor que debe ser tenido en cuenta en relación con la colonización biológica de elementos expuestos a la intemperie, es la **calidad del aire**. Es un hecho comprobado que los contaminantes gaseosos inhiben el crecimiento biológico, especialmente en cuanto a diversidad y no necesariamente en cuanto a cobertura[74]. La sensibilidad ante la contaminación varía de unos organismos a otros, resultando especialmente afectados aquellos que no poseen mecanismos de protección pasiva o de excreción, como los briófitos y los líquenes, razón por la cual estos últimos se han usado como bioindicadores de contaminación. Así la disminución del número de especies liquénicas en ambientes urbanos se ha relacionado con la concentración de gases de azufre; igualmente, el estudio del talo permite cuantificar la presencia de metales pesados en la atmósfera ya que estos se acumulan en el talo de forma proporcional a la distancia al punto de emisión[75].

La contaminación puede producir a veces, directa o indirectamente, un aumento del desarrollo de algunas poblaciones. Por ejemplo, la contaminación por sustancias orgánicas favorecerá el desarrollo de hongos mientras que la contaminación por compuestos nitrogenados favorecerá el desarrollo de algas y bacterias del ciclo del nitrógeno. Este es un tema complejo pues la sensibilidad a los contaminantes depende de las propias sustancias contaminantes y de las especies por lo que se pueden dar casuísticas muy variadas.

---

72 Caneva y col. (2000). La biología de la restauración. Editorial Nerea, S.A.

73 Prieto y Silva (2005). Estimation of potential bioreceptivity of granite rocks from their intrinsic properties. International Biodeterioration and Biodegradation 56: 206-215.

74 Véase nota 72

75 Nimis y col. (2000). Biomonitoring of trace elements with lichens in Veneto (NE Italy). Science of the total environment 255 (1-3), 97-111.

Agentes de biodeterioro. Tipos de organismos

Los organismos que colonizan la piedra de los monumentos y otras edificaciones se pueden clasificar en función de la fuente de carbono y energía que utilizan para su metabolismo. Así, si emplean el CO_2 atmosférico como fuente de carbono, estaremos hablando de organismos autótrofos, y si emplean carbono orgánico como fuente de carbono, estaremos hablando de organismos heterótrofos. En cuanto al tipo de energía que emplean, se distinguen los organismos fotoautótrofos o fotoheterótrofos, que utilizan la luz solar y los organismos quimioautótrofos o quimioheterótrofos, que obtienen la energía a a partir de reacciones químicas. Atendiendo a esta clasificación, y en cuanto a lo que colonización de sustratos pétreos se refiere, los organismos autótrofos, especialmente los fotoautótrofos como algas y cianobacterias, son los primeros colonizadores ya que únicamente necesitan CO_2 atmosférico y luz (además de agua, que es indispensable para la vida). Los organismos heterótrofos, como los hongos, suelen ser colonizadores secundarios ya que precisan de la presencia de materia orgánica, como aquella que procede de los primeros colonizadores una vez muertos.

Algas y cianobacterias

Las algas que colonizan la piedra de las edificaciones pertenecen principalmente al grupo de las Clorofíceas o algas verdes, aunque también se encuentran a veces Rodofitas o algas rojas y ocasionalmente Bacilariofitas o diatomeas. También son muy frecuentes las cianobacterias, antiguamente denominadas algas azules, que no se pueden englobar en el grupo de las algas por ser procariotas (sus células carecen de núcleo).

Todos ellos son organismos unicelulares que pueden vivir aislados o, más comúnmente, formando colonias filamentosas o en forma de racimo. Las algas y las cianobacterias frecuentemente se asocian formando colonias que dan lugar a películas de color verde intenso que recubren las superficies; esto es lo que comúnmente se denomina "verdín" y, en un contexto más científico, y en asociación con otros organismos como bacterias y/o hongos, *biofilm*. Ocasionalmente se observan a una cierta profundidad en el interior de la roca, siempre por debajo de minerales traslúcidos ya que son organismos fotoautótrofos. Precisamente, tal y como se dijo previamente, por ser fotoautótrofos se consideran los organismos pioneros en la colonización de la piedra. Son organismos sensibles a las variaciones de temperatura y de luminosidad y crecen preferentemente en lugares que no reciben radiación solar directamente, de ahí que la orientación determine en gran medida su aparición. Además de estos, el factor que más influye en su desarrollo es el agua por lo que colonizan preferentemente lugares húmedos.

Aunque pueden asentarse sobre cualquier tipo de roca prefieren un sustrato ligeramente alcalino, razón por la cual son más abundantes sobre rocas calcáreas y sobre morteros. Si bien el pH es un factor limitante para estos organismos ya que no colonizan materiales con pH mayor que 9, como algunos cementos, el tiempo juega a su favor puesto que en el proceso de carbonatación que transforma el hidróxido de calcio en carbonatos de calcio se produce un descenso de pH que acaba permitiendo su instalación sobre ellos[76].

El deterioro producido por las algas y cianobacterias es sobre todo estético; la cubrición de la superficie de una obra de arte indudablemente distorsiona el aspecto original con el que fue creada (Figura 6.2). También son causantes de deterioro físico en el material que colonizan, pudiendo provocar el desprendimiento de granos minerales de la superficie rocosa como consecuencia de la tensión que provocan los ciclos de contracción-expansión que experimentan las células algales y las sustancias mucilaginosas del biofilm al secarse y mojarse.

Hay casos en los que se menciona un posible daño químico ocasionado por las algas, pero otros en los que se afirma que el daño es realmente producido por la asociación de estos organismos con hongos y bacterias y que las algas por sí solas no lo producen. En realidad, el deterioro químico provocado por algas y cianobacterias es casi siempre inferido del conocimiento que se tiene de su metabolismo y pocos son los estudios en los que se muestran evidencias de ese potencial biodeterioro. En general, se cree que este deterioro puede ser producido por los ácidos orgánicos excretados por estos organismos, que podrían llegar a afectar a los minerales, o por ciertas proteínas que actúan como agentes quelantes que movilizan iones metálicos.

---

76 Grant (1982). Fouling of terrestrial substrates by algae and implications for control. A review. International Biodeterioration Bulletin 17(4): 113-123

Figura 6.2. Colonización por algas y cianobacterias en el claustro del monasterio de Sobrado dos Monxes (septiembre, 2022).

Pero también provocan un biodeterioro indirecto al favorecer la sucesión microbiana heterótrofa, potencialmente más perjudicial, y el mantenimiento de la humedad de la piedra y, por consiguiente, facilitar las reacciones químicas de meteorización, como por ejemplo la hidrólisis. Por otra parte, las sustancias mucilaginosas que producen estos organismos favorecen la adherencia de partículas, humo y suciedad de modo que muchas veces las manchas y pátinas oscuras de la piedra tienen su origen en las películas algales.

Hongos

Los hongos son organismos heterótrofos y, como tales, necesitan un soporte orgánico para vivir. Por tanto, las rocas no son, en principio, sustratos favorables para su desarrollo, aunque se ha comprobado que son uno de los grupos de organismos más numerosos de los encontrados en los monumentos[77]. Esto es debido a que aprovechan los materiales orgánicos resultantes de la descomposición de los organismos que le precedieron en la secuencia de colonización, como algas y cianobacterias, u otros productos orgánicos depositados sobre la piedra como consecuencia de la quema de combustibles fósiles o de otras actividades industriales.

No precisan de luz para su desarrollo, pueden vivir en la oscuridad; sin embargo, necesitan una elevada humedad, de ahí que sean muy frecuentes en lugares umbríos y poco ventilados. Desde el punto de vista morfológico la presencia de hongos se reconoce por la formación de manchas superficiales generalmente de color oscuro, aunque la coloración puede variar con el tipo de hongo y es frecuente observar micelios blanquecinos velando pinturas murales.

Los hongos pueden tener un papel importante en la alteración de la piedra. Por una parte, ejercen una acción mecánica debido a que las hifas que constituyen el micelio fúngico son estructuras filamentosas que pueden penetrar en la roca a través de las fisuras y, al crecer y expandirse, contribuyen a su desagregación. Por otra parte, ejercen un deterioro químico debido a la excreción de ácidos orgánicos con una gran capacidad quelante para algunos metales y un alto poder de disolución de minerales; esto da lugar a alteraciones de la superficie de la piedra, a veces con la aparición de surcos o cavidades, lo que facilita el asentamiento de otros organismos como bacterias e incluso plantas vasculares, incrementa la superficie de contacto con el agua y, consiguientemente, potencia otros mecanismos de alteración. Una forma de alteración muy característica que se ha observado en los mármoles se ha atribuido a la acción de los hongos[78] es la formación de microcavidades redondeadas denominadas picaduras o *pitting*.

Entre los productos excretados por los hongos el más importante es el ácido oxálico que posee un gran poder de complejación de iones como el Fe, Al y Ca.; de este modo puede provocar la destrucción de minerales primarios de la roca y la precipitación de oxalatos, pudiendo estas sales llegar a constituir hasta el 40% de su peso seco[79].

77 Bock y Sand (1993). The microbiology of masonry biodeterioration. Journal of applied bacteriology 74: 503-514.

78 Sterflinger y Krumbein (1997). Dematiaceous fungi as a major agent for biopitting on Mediterranean marbles and limestones. Geomicrobiology 14(3): 291-230.

79 Robert (1993). Role du facteur biologique dans la degradation des roches et des monuments. En: Alteración de granitos y rocas afines. Edts. M.A. Vicente: E. Molina y V. Rivas. C.S.I.C. Madrid

Líquenes

Los líquenes son organismos formados por la simbiosis de un hongo (micosimbionte) y un alga o cianobacteria (fotosimbionte). La asociación de estos dos organismos puede dar lugar a tipos estructurales muy diferentes. En general se puede decir que el talo liquénico está constituido por el córtex o corteza superior, donde se concentran los organismos fotosintéticos, la medula y el córtex o corteza inferior, donde predominan las estructuras fúngicas que aseguran la fijación al sustrato, si bien estas partes no están presentes en todos los tipos de líquenes. Son organismos de crecimiento muy lento, pocos requerimientos nutricionales y capaces de adaptarse a condiciones extremas: se encuentran líquenes en las zonas más áridas, como los desiertos, y en las latitudes más frías. Se estima que hay más de 15000 especies liquénicas que se asientan sobre materiales diversos, denominándose saxícolas aquellas que se desarrollan sobre las rocas (Figura 6.3).

Figura 6.3. Colonización por líquenes en la ermita de nuestra Señora de la Lanzada (junio, 2023).

Atendiendo a la morfología de sus talos y a la manera de adherirse al sustrato se pueden distinguir cuatro tipos principales de líquenes, si bien pueden describirse otras variantes:

— Crustáceos: constituyen el grupo más numerosos y la mayoría son saxícolas. El talo está fuertemente adherido al sustrato por toda su superficie; puede desarrollarse totalmente incrustado en la roca (endolíticos) o sobre ella (epilíticos). Una variante del tipo crustáceo se denomina leprarióide, definido por un talo pulverulento cuya superficie es irregular y no lisa.

156

— Fruticulosos: unidos al sustrato por una superficie de fijación reducida (disco de fijación) y con forma de pequeños arbustos.

— Foliáceos: el talo presenta un cortex inferior bien definido y se adhiere al sustrato mediante ricinas producidas por el micobionte.

— Escamosos: Se caracterizan porque su talo está formado por un conjunto de escamas, a veces superpuestas, y por presentar un borde no adherido al sustrato.

El componente fúngico del liquen es el que juega el papel más importante en la alteración de los sustratos pétreos. La penetración de las hifas y ricinas y la gran capacidad de expansión-contracción de los talos según la disponibilidad de agua, contribuyen en gran manera a la desagregación de la roca, sobre todo en el caso de los líquenes endolíticos.

Con respecto a su acción química sobre el sustrato que colonizan, existe un indudable efecto acidificante debido al CO_2 emitido por ambos simbiontes, pero tiene más importancia la segregación de ácidos por parte del hongo. El más abundante es el ácido oxálico, aunque parece que no todos los líquenes poseen la misma capacidad de excretar este compuesto y que depende mucho de la naturaleza del sustrato, siendo mayor esta capacidad cuando colonizan rocas calcáreas. La reacción del ácido oxálico con la roca origina la precipitación de oxalatos entre los que destaca el oxalato cálcico que, debido a su baja solubilidad, puede dar lugar a la formación de pátinas o costras superficiales. La frecuencia de estas pátinas de oxalatos en monumentos construidos con rocas calizas ha dado lugar a una polémica sobre si éstas son realmente de origen biológico o son el resultado de un tratamiento protector. Diferentes autores presentan argumentos a favor de ambas posibilidades de ahí que la cuestión no esté esclarecida[80].

Los líquenes producen, además, una gran variedad de sustancias polifenólicas específicas que se considerarían también ácidos liquénicos y que tienen una gran capacidad de formar complejos con los iones metálicos del sustrato rocoso.

Musgos

Los musgos, plantas terrestres no vasculares (briofitos), no pueden instalarse directamente sobre la piedra, sino que necesitan un sustrato edáfico mínimo donde anclar sus primitivas raíces (rizoides). Es por esto que en los edificios aparecen en lugares

---

80 Vázquez-Calvo y col. (2007). Overview of recent knowledge of patinas on stone monuments: the Spanish experience. En: Building Stone Decay: Diagnosis to Conservation. R. Prikryl & B. Smith (eds.). Geological Society Special Publications 271, London, 295-307.

donde se acumula polvo o tierra, excrementos de aves o restos de otros organismos, como son las cornisas o las zonas más próximas al suelo (Figura 6.4).

Figura 6.4. Intensa colonización biológica en el escudo de la portada de acceso del Pazo de Fontefiz (Lugo) por líquenes y briófitos. Nótese que los briofitos colonizan las zonas de acumulación de polvo o tierra.

Un factor muy importante para su desarrollo es el suministro continuo de agua ya que tienen una capacidad muy limitada para absorberla del sustrato. De ahí que, tanto el agua, como gran parte de los elementos nutritivos, los tomen de la atmósfera: lluvia, rocío, aerosoles, etc. y por esto son muy sensibles a la presencia de contaminantes atmosféricos que ocasiona su casi completa desaparición en núcleos urbanos y áreas industriales.

Además del deterioro estético evidente, provocan alteraciones mecánicas, debidas a la presión ejercida por los rizoides, y químicas mediante la extracción de elementos metálicos del sustrato[81].

---

81 Altieri y Ricci (1994). Il ruolo delle briofite nel biodeterioramento di materiali lapidei. Proc. 3rd Int. Symp. The conservation of Monuments in the Mediterranean Basin. 329-333.

Plantas vasculares

Al igual que los musgos, las plantas vasculares no se implantan directamente en la piedra a no ser que exista alguna grieta, de manera que crecen en rincones, cornisas y, muy frecuentemente, en las juntas de morteros pues además de ser más accesibles para las raíces poseen nutrientes esenciales (Figura 6.5). La mayoría de las plantas que crecen en los edificios son herbáceas, pero también puede haber arbustos e incluso árboles (por ejemplo, higueras). Cuando se instalan sobre un protosuelo acumulado sobre la roca, no suponen un riesgo directo para esta pero cuando se instalan sobre las juntas, la fuerza que ejercen las raíces puede provocar la apertura de las juntas. En el caso de arbustos o árboles, pueden llegar a suponer un riesgo de derrumbe de los muros y hay que tener precauciones para su eliminación.

Figura 6.5. Colonización por plantas vasculares en Pazo de San Lorenzo de Trasouto (izquierda superior) y Concatedral de S. Xulian de Ferrol (izquierda, inferior) y Santo Domingo de Bonaval (derecha) (junio, 2023).

158

Bacterias

Numerosas investigaciones han puesto de manifiesto la presencia de bacterias en las rocas de las edificaciones y han demostrado su papel en la alteración de los materiales, siendo citadas como uno de los grupos de microorganismos más numerosos en la piedra de los monumentos junto con los hongos[82]. Con toda seguridad las piedras de los edificios no son estériles y algunos síntomas de alteración difíciles de interpretar posiblemente tienen a las bacterias como responsables.

Las bacterias que se instalan sobre las superficies de los edificios se pueden dividir en dos grupos: las quimioautótrofas, que comprenden las bacterias del ciclo del azufre (sulfatorreductoras y sulfooxidantes), las bacterias del ciclo del nitrógeno y las ferrobacterias, y, por otra parte, las bacterias heterótrofas. Los procesos de alteración producidos por las bacterias son exclusivamente de tipo químico y debidos a su actividad metabólica. Sus procesos metabólicos pueden dar lugar a una modificación del pH del sustrato que colonizan pudiendo provocar su alcalinización o acidificación y, en consecuencia, la disolución del sustrato. Un claro ejemplo es la disolución de carbonatos a la que dan lugar a través de la producción de productos extracelulares como ácidos orgánicos y exopolisacáridos. Así mismo, pueden generar procesos de calcificación al generar microambientes con condiciones de supersaturación[83] en las que pueden tener lugar la neoformación de minerales, particularmente carbonatos cálcicos.

Además, las bacterias del ciclo del azufre y del nitrógeno provocan en muchas ocasiones la aparición en las piedras de los monumentos de sales solubles tales como sulfatos y nitratos y también de ácidos, como el ácido sulfúrico y ácido nítrico, que puede causar importantes daños a la roca[84]. Otro factor a tener en cuenta en cuanto a su actividad deteriorante es el enriquecimiento en materia orgánica que supone el desarrollo bacteriano sobre las rocas el cual posibilita su posterior colonización por organismos heterótrofos.

Colonización biológica y biodeterioro en Galicia

En Galicia la colonización biológica constituye uno de los agentes de deterioro más importantes, junto con las sales solubles. El clima de tendencia oceánica con temperaturas suaves, precipitaciones abundantes con numerosos días de lluvia y, sobre todo, la elevada humedad relativa del aire propicia la proliferación de organismos y microorganismos sobre las superficies expuestas a la intemperie. Aunque esta situa-

---

82 Bock y Sand (1993). The microbiology of masonry biodeterioration. Journal of applied bacteriology 74: 503-514.

83 Cañaveras y col. (2006). On the origin of fiber calcite crystals in moonmilk deposits. Naturwiss, 93: 27-32.

84 Caneva y col. (Eds.). (2008). Plant biology for cultural heritage: biodeterioration and conservation. Getty Publications.

ción es generalizable a toda la comunidad, naturalmente se observan diferencias de unos lugares a otros y, dentro de un mismo edificio, entre unas paredes y otras en lo que respecta tanto al grado de colonización (en general aparecen más intensamente colonizadas las orientadas al norte por ser más sombrías y por tanto más húmedas) como al tipo de organismos presentes[85].

Los monumentos y otras edificaciones antiguas presentan en la mayoría de los casos abundante colonización (Figura 6.6), muchas veces con una cobertura prácticamente total. En este sentido son particularmente llamativos los líquenes, que con frecuencia tapizan gran parte de las paredes, pero en la superficie rocosa existen todo tipo de organismos y microorganismos. Son comunes los biofilms, compuestos por algas, cianobacterias, hongos y bacterias, que en pocos meses pueden tener una gran incidencia sobre algunas paredes y que enseguida pasan de una tonalidad verdosa a una tonalidad negruzca dando un aspecto de descuido a la edificación. En los casos de monumentos con un mal mantenimiento de las juntas y conducciones de agua suelen aparecer briófitos, helechos, plantas superiores, etc. (Figura 6.7).

Figura 6.6. Intensa colonización biológica en San Pedro de rocas (enero 2021), San Miguel de Oleiros (Carballedo, marzo 2019) y Santa Eulalia de Bóveda (marzo 2022).

85 Prieto Lamas y col. (1995). Colonization by lichens of granite churches in Galicia (Northwest Spain). Science of the Total Enviromnent 167: 343-351.

Figura 6.7. Colonización por helechos y plantas vasculares asociadas a un deficiente mantenimiento de las bajantes de agua en la Iglesia de San Martín Pinario (2023).

La profusa colonización por líquenes en monumentos graníticos gallegos, junto con las opiniones encontradas acerca de su carácter alterante o protector y con la escasez de estudios de los líquenes sobre las rocas graníticas, llevó a plantear una investigación, que fue objeto de una tesis doctoral, para tratar de conocer sus efectos sobre la roca[86, 87, 88].

La primera parte de la investigación consistió en un estudio de la ecología liquénica, esto es, la identificación de las especies colonizadoras presentes y el análisis de los factores que favorecen su asentamiento y determinan su distribución, y en la segunda parte se analizó la acción deteriorante de los líquenes sobre el granito.

Para el estudio ecológico se tomaron en consideración siete dólmenes, cinco situados en Galicia y dos en la región de Alentejo, en el centro de Portugal, y veinte iglesias rurales situadas en la comarca de Santiago de Compostela, todos ellos construidos con diferentes variedades de granito. En lo que se refiere a la colonización y distribución de

86 Prieto, B. (1997). Biodeterioro de rocas graniticas. Contribución de los líquenes al deterioro del Patrimonio Monumental construido. Servicio de Publicacións e Intercambio científico da Universidade de Santiago deCom postela (Ed.), 307 pp.

87 Prieto y col. (2001). Alteración del granito por acción de los líquenes. Aspectos biogeoquímicos y Biogeofísicos. En: Biodeterioro de Monumentos Históricos de Iberoamérica, Vol. II (2001). Eds. H. Videla y C. Saiz-Jiménez. CYTED, Taller 4, La Plata, Argentina.

88 Silva y Prieto (2004). Lichens on granite monuments: decay implications. En: Biodeterioration of Stone Surfaces (2004). Eds. L.L. St. Clair & M. Seaward.

162

especies liquénicas, se encontró que en el conjunto de monumentos estudiados están representados un total de 35 géneros de los cuales *Parmelia* s. lat., *Pertusaria* s. lat., *Lecanora* s. lat. *y Rhizocarpon* son los que aparecen con mayor representación. Catorce especies, una subespecie y una variedad fueron citadas por primera vez en Galicia, hecho indicativo de que los monumentos constituyen ecosistemas muy específicos y su estudio es de gran interés, por una parte, por su aportación al conocimiento de la flora liquénica y, por otra, porque resulta imprescindible a la hora de plantear el control de la colonización en planes de conservación preventiva de monumentos pues no es extrapolable a ellos la información obtenida en afloramientos rocosos u otro tipo de hábitats.

La colonización liquénica de los monumentos graníticos es muy importante en cuanto a cobertura, que supone aproximadamente el 70% de toda la superficie de las iglesias e incluso más en la superficie exterior de los dólmenes, y es muy rica en cuanto al número de especies que colonizan cada monumento. Sin embargo, si se analiza globalmente el conjunto de monumentos se comprueba que la diversidad es escasa pues gran número de especies se repiten, aunque ninguna aparece en todos[89, 90, 91]. De esta manera se llegó a definir el núcleo representativo de la flora liquénica sobre monumentos graníticos, estando este constituido por 21 especies.

Se encontró que en los dólmenes la flora es más variada mientras que en las iglesias hay una mayor uniformidad. Esta diferencia fue corroborada y explicada mediante los índices de Wirth[92] y el tratamiento estadístico de los datos, que mostraron que la colonización biológica de las iglesias es menos diversa comparativamente a la de los dólmenes por varias razones: las iglesias se caracterizan por un ambiente más antropizado, una mayor complejidad constructiva, la presencia de materiales constructivos modernos diferentes a las rocas (como el hormigón, que confiere pH más altos a los sustratos, limitando por tanto la colonización) y una mayor cantidad de nitrógeno[93].

Por otra parte, se llevó a cabo la evaluación de los efectos deteriorantes de los líquenes sobre el granito. Para ello se seleccionaron 13 de las especies liquénicas identificadas en el estudio ecológico, se realizó una toma de muestras de esas 13 especies sobre roca (recogidas en afloramientos de las mismas rocas que las edificaciones) y un estudio con diferentes técnicas analíticas.

---

89 Prieto y col. (1994). Colonization by lichens of granite dolmens in Galicia (NW Spain). International Biodeterioration & Biodegradation 34 (1): 47-60.

90 Ver nota 84

91 Prieto y col. (1995). Etude écologique de la colonisation lichénique des églises des environs de Saint-Jacques de Compostelle (NW Spain). Cryptogamie, Bryologie, Lichenologie 16 (3): 219-228.

92 Wirth, V. (1980). Flechtenflora. Stuttgart: Ulmer.

93 Prieto y col. (1999). Environmental factors affecting the distribution of lichens on granitic monuments in the Iberian peninsula. The lichenologist 31 (3): 291-305.

El estudio micromorfológico mediante microscopía óptica (MO) y microscopía electrónica de barrido (MEB) demostró que los líquenes causan una **alteración física** notable provocada por la penetración y expansión-contracción del talo en el interior de la roca. El avance de las hifas tiene lugar principalmente a través de las fisuras intergranulares, aunque en los minerales que presentan planos de exfoliación marcados, como las micas y los feldespatos, también se introducen en estos huecos intragranulares (Figura 6.8A). En el caso de las micas el avance de las hifas paralelamente a los planos 001 es en algunos casos llamativo y puede llegar a producir la completa separación de las láminas (Figura 6.8B).

La profundidad de penetración es variable y depende de las características de la red de fisuración. Así, en los casos en que predominan las fisuras paralelas a la superficie, las hifas avanzan en sentido horizontal y la profundidad alcanzada es escasa, mientras que en los granitos en los que la porosidad es homogénea en todas direcciones la profundidad de penetración es mayor. En cualquier caso, no se ha observado una penetración mayor de 5 mm[94], que es menor que la referida en otras rocas como las calizas[95].

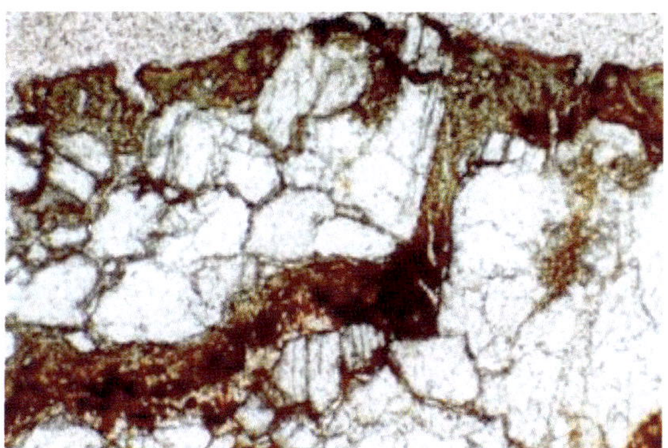
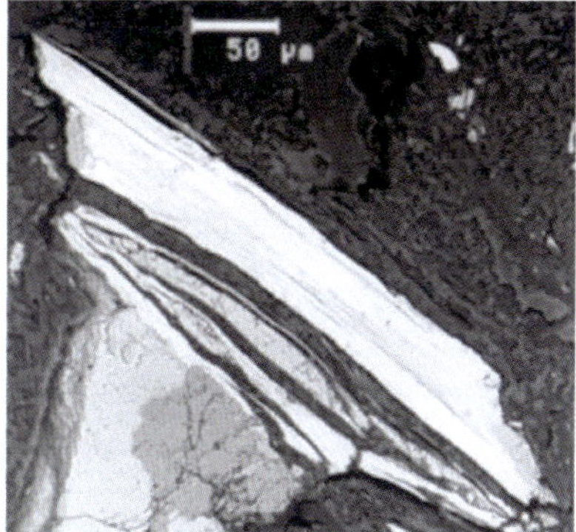

Figura 6.8. Avance de las hifas liquénicas (en tonos marrones y verdes) a través de fisuras intergranulares en granito (A; microscopía óptica) y de los planos de exfoliación de una biotita (B; microscopía electrónica de barrido; sacada de Prieto y col. 1997). En A, se aprecian entre las hifas depósitos de color rojo que corresponden a formas oxihidroxiladas de Fe.

En el caso de los líquenes crustáceos, la adhesión del talo a la superficie de las rocas es tan fuerte que durante su crecimiento y también en el proceso de expansión-contracción en función de la disponibilidad de agua, ejercen una presión sobre los gra-

---

94 Ver nota 88

95 Ascaso y col. (1982). The weathering of calcareous rocks by lichens. Pedobiologia 24: 219-229.

nos minerales que hacen que se separen de la roca y queden englobados en el talo, los minerales son "asimilados" por el liquen y parecen formar parte de él. Llama la atención que la asimilación de granos minerales por el talo liquénico ocurra incluso en el caso de líquenes foliáceos, como *Xanthoria parietina* (Figura 6.9). El deterioro físico va acompañado de una alteración química notable, como la que se observa en algunos granos de feldespato potásico y plagioclasa que aparecen intensamente particulados y con síntomas de disolución.

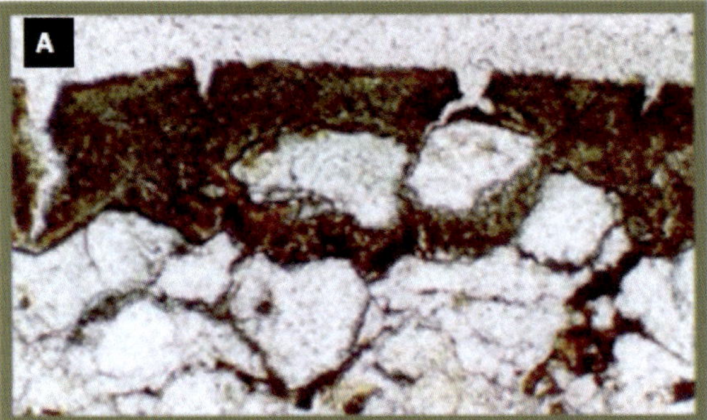
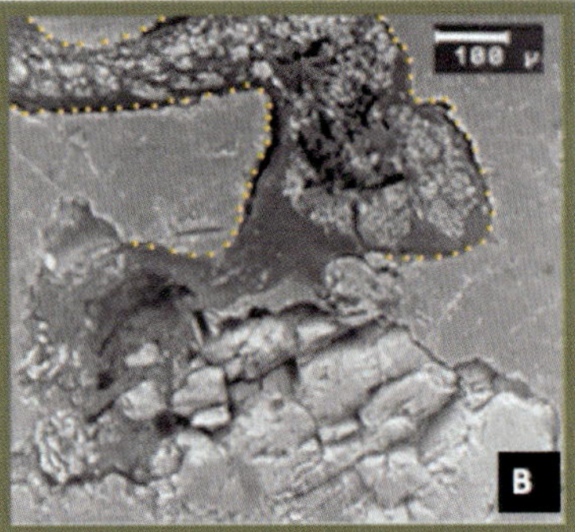

Figura 6.9. Granos de cuarzo englobados en el talo de un liquen crustáceo, en color marrón-verdoso (A; microscopía óptica) y en el de un liquen foliáceo, Xanthoria parietina (B; microscopía electrónica de barrido; contorno del liquen punteado en amarillo).

Para caracterizar el deterioro químico y mineralógico que generan los líquenes es preciso analizar y comparar el talo liquénico, la interfaz liquen-roca y un nivel interno de la roca colonizada que, por ser interno, se supone no afectado por la acción del liquen; además, y con el objeto de comparar la alteración provocada por los líquenes con la alteración debida a los agentes meteóricos, es también necesario realizar estudios y comparaciones con roca no colonizada.

Los análisis geoquímicos llevados a cabo consistieron en realizar un balance de elementos químicos entre las fracciones analizadas. La alteración química detectada más notoria fue la experimentada por los cristales de biotita que consistió en la extracción por parte del liquen del potasio del espacio interlaminar, no solo en los bordes de grano sino también en su interior. Esta pérdida de potasio está relacionada con la transformación de biotita en vermiculita hidróxialumínica. La lixiviación del potasio provoca la expansión del espacio interlaminar de la mica posibilitando así la entrada de otros iones presentes en la disolución en contacto con el mineral. El elemento más abundante en la fase líquida procedente de la alteración de un granito es el aluminio con diferentes grados de hidroxilación, que sustituye al potasio dando lugar a la formación de vermiculita hidroxialumínica.

La participación de los líquenes en la formación de vermiculita hidroxialumínica parece clara ya que este mineral apareció en una cantidad notable en la interfase roca-liquen de las muestras analizadas, en una proporción mayor que en las otras fracciones analizadas.

Sin embargo, las investigaciones pusieron de manifiesto un cierto efecto protector del liquen frente a la meteorización ya que la propia presencia del talo liquénico sobre la roca meteorizada ralentiza la pérdida de los elementos más móviles[96].

Otro mineral común en la alteración del granito que apareció en mayor proporción en la interfase liquen-roca es la caolinita. Sin embargo, la formación de este mineral no tiene por qué ser atribuida directamente a la acción de los líquenes sino a efectos indirectos. Por una parte, la cobertura liquénica hace que la roca permanezca más tiempo húmeda favoreciendo así las reacciones de hidrólisis. Por otra parte, la excreción de ácidos liquénicos facilita este proceso, es sabido que muchos minerales solo son hidrolizados en medio ácido. Por último, la cobertura liquénica evita la erosión de la superficie haciendo que los minerales secundarios o productos de meteorización mantengan permanezcan *in situ*.

Otro rasgo sintomático del efecto de los líquenes es la presencia de geles de sílice que se detectaron tanto en la interfase como en el interior del talo. Se reconocen en el análisis por difracción de rayos X por la aparición de un efecto mal definido a 0.45nm y se observan al microscopio electrónico de barrido. La presencia de este tipo de geles ha sido citada por varios autores en diferentes tipos de rocas colonizadas por líquenes[97, 98] y fue atribuida a que los ácidos orgánicos inhiben la cristalización de las formas de sílice. La observación bajo el microscopio petrográfico de láminas delgadas de la superficie de muestras de granito colonizado por líquenes puso de manifiesto la frecuente presencia de óxidos u oxihidróxidos de hierro por debajo del talo, en las zonas de contacto de las hifas con la roca y que aparecen mezclados con materia orgánica y con aluminosilicatos pobremente cristalinos[99] (Figura 6.8A). El hecho de que estos óxidos de hierro no se detecten por difracción de rayos X es debido a su bajo grado de cristalinidad.

96 Silva y col. (1999). Effects of lichens on the geochemical weathering of granitic rocks. Chemosphere 39 (2): 379-388.

97 Wilson (1995). Interactions between lichens and rocks. A review. Criptogamic Botany 5: 299-305.

98 Ver nota 85

99 Ver nota 86

La presencia de estos compuestos, así como de geles de aluminio y sílice, es atribuida a la acción de los ácidos liquénicos sobre los silicatos[100, 101, 102]. Una posible explicación para la precipitación de óxidos de hierro es que procedan de la humboldtina, un oxalato férrico dihidratado que se forma muy rápidamente cuando el ácido oxálico excretado por el micobionte reacciona con la biotita. La humboldtina es muy inestable y da lugar a la formación de anhídrido carbónico y oxihidróxidos de hierro.

En lo que se refiere a la participación de los líquenes en las transformaciones mineralógicas, otro aspecto importante a considerar es la neoformación de minerales de calcio tales como oxalato cálcico, carbonato cálcico y yeso. Este hecho es llamativo puesto que la mayor parte de los granitos ornamentales del patrimonio antiguo de Galicia es pobre en calcio y demuestra la acción alterante de los líquenes sobre la plagioclasa, único mineral que posee este elemento.

En las muestras granito-liquen estudiadas se identificaron dos formas de oxalato cálcico, la monohidratada o whewellita y la dihidratada o weddellita, siendo la predominante la monohidratada. La presencia de una u otra forma parece ser que depende del ambiente en que se desarrolle el liquen, de manera que la formación de oxalatos cálcicos en el talo puede responder a una estrategia para asegurar una reserva de agua[103]. Así, la predominancia de la forma monohidratada frente a la dihidratada indica que el liquen dispone de agua suficiente, como era de esperar en un clima como el gallego. Esta hipótesis fue corroborada por el estudio de cuatro muestras de *Ochrolequia parella* colonizando granito en diferentes condiciones ambientales. Mediante espectroscopía FT-Raman se detectó oxalato cálcico monohidrato en las zonas más húmedas mientras que el dihidratado se identificó en las muestras localizadas en un ambiente más seco[104].

Otro de los minerales de neoformación detectado en una de las muestras estudiadas es el carbonato cálcico. La presencia de este compuesto resultó sorprendente porque no había sido citado anteriormente en muestras de líquenes colonizadores de rocas graníticas y porque, por otra parte, parece poco probable su formación por ser mucho más soluble que el oxalato cálcico, especialmente a pH ácidos. Las condiciones que pueden explicar la formación de carbonato cálcico son dos: que en el medio no haya suficiente agua para la formación del oxalato o que en un punto determinado

100 Jones y Wilson (1985). Chemical activity of lichens on mineral surfaces. A review. International Biodeterioration 21 (2): 99-104.

101 Jones y Wilson (1986). Biomineralization in crustose lichens. En: Biomineralization in Lower Plants and Animals. Leadbeater and Riding (eds.). Special volume n° 30: 91-105.

102 Ver nota 85

103 Prieto, B.; Edwards, H.G.M.; Seaward, M.R.D. (2000). A Fourier transform-Raman spectroscopic study of lichen strategies on granite monuments. Geomicrobiology Journal 15: 55-60.

104 Prieto y col. (1999). Biodeterioration of granite monuments by Ochrolechia parella (L.). Mass and F.T. Raman spectroscopy study. Bioespectroscopy 5: 53-59.

se den las condiciones de pH necesarias para que se igualen las solubilidades de ambos minerales.

El carbonato cálcico fue detectado en un punto muy próximo a un cristal de plagioclasa sódica intensamente particulado (Figura 6.10) lo que parece indicar que, en un momento dado, pudieron darse las condiciones adecuadas para que precipitase el carbonato[105] ya que en la alteración de la plagioclasa se libera sodio a la fase líquida provocando un aumento de pH. Hay que tener en cuenta que los valores de pH de abrasión de la plagioclasa son cercanos a 11, dependiendo de su contenido en sodio.

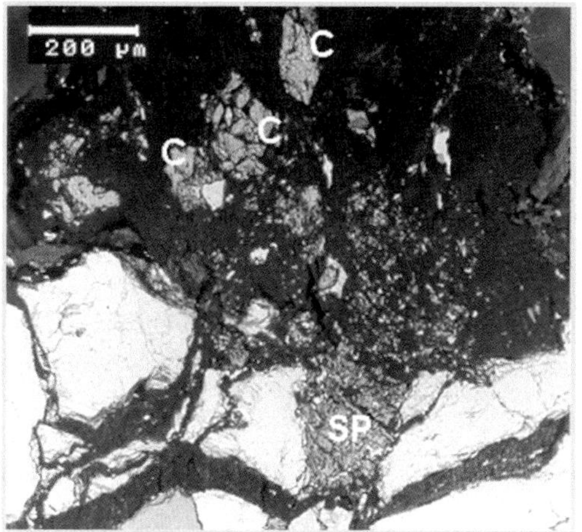

Figura 6.10. Micrografía tomada al microscopio electrónico de barrido (MEB) del corte perpendicular a una superficie de granito colonizada por un liquen. Se observan cristales de carbonato cálcico (C) englobados en el talo liquénico y localizados en zonas próximas a un grano de plagioclasa sódica (SP) muy alterada.

Así mismo, se detectó yeso por espectroscopía FT-Raman en el talo de numerosas muestras estudiadas[106]. La presencia de este mineral llama la atención ya que se encontró en muestras tomadas en puntos donde la contaminación atmosférica era prácticamente nula y el contenido de sulfato tanto en la atmósfera como en la roca eran muy bajos; a pesar de ello consideramos que el sulfato procede de la atmósfera y que el liquen posee una gran afinidad por este ion.

105 Prieto y col. (1997). Mineralogical transformation and neoformation in granite caused by the lichens Tephromela atra and Ochrolechia parella. International Biodeterioration and Biodegradation, 40 (2-4): 191-199.

106 Prieto y col. (1999). An FT-Ramman spectroscopic study of gypsum neoformation by lichens growing on granitic rocks. Spectrochimica Acta (Part A) 55: 211-217.

168

A pesar de que son muchos los procesos de deterioro químico y mineralógico en los que participan los líquenes, es importante resaltar que se trata en todos los casos de procesos muy lentos, especialmente sobre granitos sanos, por lo que no se deben entender como una razón para la inmediata y completa eliminación de los líquenes colonizadores de superficies pétreas. Antes de tomar esa decisión es necesario realizar un estudio de la interfase roca-liquen para determinar si la alteración está o no progresando y valorar la conveniencia, o no, de dejar expuesta la superficie de la roca anteriormente cubierta por los líquenes. A partir de nuestros estudios, se puede decir que son muchos los casos en los que la eliminación de la colonización liquénica no aportó ningún beneficio al bien patrimonial.

Sin embargo, otro aspecto a tener en cuenta es que aunque en muchos casos la colonización biológica no provoque un daño físico, químico o mineralógico de la piedra, ocurre que, cuando esta colonización alcanza la fase de senescencia en el proceso de su evolución normal, se va ennegreciendo dando lugar a pátinas oscuras o ennegrecimientos que provocan una alteración estética y constituyen un problema importante para el mantenimiento de los edificios, siendo su eliminación una de las intervenciones de conservación más frecuentes. Este problema no solo afecta a los edificios antiguos sino también a los de reciente construcción. Así, es frecuente ver como en pocos meses las paredes de un edificio se cubren de un biofilm compuesto de algas y cianobacterias que, con el tiempo, se va ennegreciendo como consecuencia de la descomposición de los organismos que lo forman y por el asentamiento de otros organismos que le siguen en la secuencia de colonización.

En una investigación llevada a cabo para analizar la composición y origen de los ennegrecimientos frecuentes en edificios histórico-artísticos[107] se comprobó que estos están formados por depósitos de naturaleza orgánica resultantes de la presencia de algas, cianobacterias, bacterias y hongos y/o de sus restos o de los productos de su descomposición[108, 109].

Un caso de estudio particularmente ilustrativo fue el Centro Galego de Arte Contemporánea (CGAC) situado en la ciudad de Santiago de Compostela. Se trata de un edificio de línea vanguardista, obra del arquitecto Álvaro Siza Vieira, que posee un revestimiento exterior de losas de granito colocadas a modo de fachada trasventilada. Fue inaugurado en septiembre de 1993 y en poco tiempo presentaba varias formas de deterioro importantes. La más preocupante era la rotura de numerosas losas de granito en los puntos de anclaje, con riesgo de desprendimiento, pero las

---

107 Aira Touzón, N. (2007). Pátinas oscuras sobre rocas graníticas: génesis y composición. Tesis Doctoral. Universidade de Santiago de Compostela.

108 Aira y col. (2007). Gas chromatography applied to cultural heritage. Analysis of dark patinas on granite surfaces. Journal of Chromatography A, 1147: 79–84.

109 Prieto y col. (2007). Comparative study of dark patinas on granitic outcrops and buildings. Science of the Total Environment 381: 280–289.

más llamativas eran una abundante colonización biológica, incluso de líquenes, y un intenso ennegrecimiento de la piedra especialmente en las superficies horizontales, cabeceras de muros y terrazas, que se extendía a los paramentos verticales (Figura 6.11). Esta última forma de deterioro suscitó una polémica acerca de su origen y en la prensa de la época se manifestaron diversas opiniones apuntando a la contaminación atmosférica como causa probable.

Figura 6.11. Aspecto de los muros del Centro Galego de Arte Contemporánea 3 años después de su inauguración en 1993.

Se acometió un estudio para esclarecer las causas de dicho ennegrecimiento. Por una parte, se realizó un estudio detallado de la piedra[110] a partir de muestras del edificio y de la cantera de procedencia, situada en el lugar de Baleante, en el Monte Enxa (península do Barbanza). Los análisis demostraron que este granito posee una porosidad accesible al agua muy elevada y, consiguientemente, una alta capacidad de absorción de agua (Tabla 6.1).

La determinación de la resistencia a flexotracción demostró que la roca es anisótropa con respecto a esta propiedad; la dirección de menor resistencia es la paralela al levante de cantera, que coincide con la cara vista de las losas en el edificio, y este hecho se interpretó como causante de su rotura: la piedra abre con facilidad en esa dirección por efecto de las grapas del anclaje, de ahí que aparezcan numerosas roturas en estos puntos (Figura 6.12).

Por otra parte, se llevó a cabo un estudio de la colonización biológica. Llamaba notablemente la atención la importante cobertura liquénica que presentaban algunas paredes pues si bien la colonización por otros organismos, como algas y cianobac-

---

110 Silva y col. (2002). Centro Galego de Arte Contemporáneo de Santiago de Compostela. Caracterización del granito y de sus alteraciones. Roc-Máquina. Elsevier (Ed.). 71:14-20.

terias, puede ser muy rápida, es ampliamente reconocido que los líquenes requieren bastantes años para que los individuos adquieran un desarrollo apreciable. Se identificó *Trapelia involuta* como la especie pionera[111].

170 Así mismo, se llevó a cabo el análisis del ennegrecimiento y se demostró que se trataba de un depósito biológico formado por hongos y por una mezcla de algas y cianobacterias (Figura 6.13). No se detectó ningún elemento o rasgo indicativo de contaminación atmosférica.

De estos resultados se concluyó que el granito empleado no es adecuado para ser usado como revestimiento exterior. Su característica más negativa es su elevada porosidad e importante capacidad de absorción de agua pues, dado el clima de Santiago, con lluvias frecuentes y humedad ambiental elevada, la roca va a estar prácticamente siempre húmeda con lo que se favorece la colonización biológica y la disminución de la resistencia mecánica; es decir, la roca empleada es muy biorreceptiva.

	DR	DA	PA	CS	CC	RF
Losa 1	2571	2469	4,04	1,56	-	-
Losa 2	2556	2280	10,68	4,71	-	-
Losa 3	2559	2481	2,93	1,18	-	-
Losa 4	2610	2360	9,43	3,99	0,0831	-
Losa 5	2630	2488	5,45	2,21	0,0377	-
Granito sano	2636	2561	2,83	1,10	0,0126	63
Granito alterado	2652	2539	4,25	1,67	0,0225	43

Tabla 6.1. Propiedades hídricas y mecánicas de la piedra empleada en el aplacado del Centro Galego de Arte Contemporánea. Sacado de Silva y col. (1997). DR: densidad real (kg m^{-3}); DA: densidad aparente (kg m^{-3}); PA: porosidad accesible al agua (%); CS: contenido de agua en saturación (%); CC: coeficiente de absorción capilar (kg m^{-2} sg$^{-0,5}$); RF: resistencia a flexotracción (kg cm^{-2}).

---

111 Silva y col. (1997). Rapid biological colonization of a granitic building by lichens. International Biodeterioration and Biodegradation, 40 (2-4): 263-267.

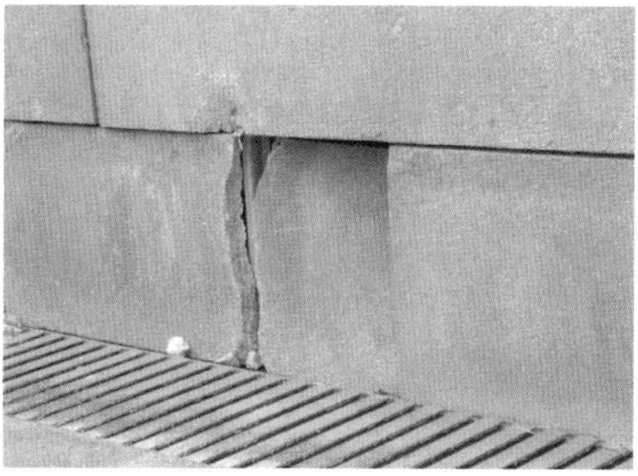 

Figura 6.12. Rotura de las piezas de granito empleadas en el Centro Galego de Arte Contemporánea por los puntos de anclaje (1996).

Figura 6.13. Estructuras biológicas (algas -a, hifas de hongos-h) en el ennegrecimiento cubriendo las paredes exteriores del Centro Galego de Arte Contemporánea (1996). La presencia de granos de polen (p), diatomeas (d) y cianobacterias (c) es también muy común en costras de origen biogénico.

Biorreceptividad de rocas graníticas

La biorreceptividad es la susceptibilidad de un material a ser colonizado por organismos y/o microorganismos. Este término fue acuñado en 1995 por Guillite[112] quien diferenció tres tipos: 1) biorreceptividad primaria, que depende exclusivamente de las propiedades intrínsecas de los materiales; 2) biorreceptividad secundaria, que es la adquirida por el material cuando ha sido modificado por los agentes de alteración naturales y, en general, es mayor que la primaria y 3) biorreceptividad terciaria, que es la que se produce como resultado de las intervenciones humanas (operaciones de

112 Guillite(1995). Bioreceptivity: a new concept for building ecology studies. Science of the Total Environment 167: 215-220.

limpieza, hidrofugación, consolidación, aplicación de biocidas, etc.) que, en principio, disminuyen la biorreceptividad natural.

La biorreceptividad es un concepto fundamental a considerar en los ámbitos de la conservación del patrimonio construido, la arquitectura, la ingeniería civil y la industria de la piedra ornamental, ya que la reducción de la colonización biológica que sufren las estructuras expuestas al ambiente es una estrategia clave para la prevención de su subsiguiente biodeterioro, con lo que ello conlleva en términos de reducción de costes de conservación.

En la actualidad, la piedra se usa en edificaciones fundamentalmente como material de revestimiento y no para la construcción de muros y otros elementos estructurales, como ocurría en el pasado. Dado que la colonización biológica es un fenómeno inexorable, resulta de gran interés conocer la biorreceptividad de una roca antes de su elección para un determinado uso. Puede ser más importante conocer esta propiedad que otras tales como la resistencia a compresión o la resistencia a la abrasión.

El estudio de la biorreceptividad de las rocas graníticas ornamentales es de la máxima relevancia para Galicia por varias razones: 1) en Galicia la práctica totalidad del patrimonio monumental y de la arquitectura tradicional está construida con rocas graníticas, 2) el importante recurso económico que constituye la industria granitera en Galicia, tanto en lo que a extracción como a elaboración se refiere, siendo referente del sector tanto a nivel nacional como internacional, y 3) el clima de la región, que favorece la colonización biológica.

Para profundizar en el conocimiento de esta propiedad, se planteó una investigación para conocer cuáles son las propiedades del granito que determinan su biorreceptividad primaria. Para ello se llevó a cabo un ensayo en el cual losetas de diferentes tipos de granito, uno de ellos con diferente grado de alteración (sano y alterado), se inocularon con un cultivo conteniendo tres cepas de cianobacterias. Se eligieron estos organismos por ser pioneros en la colonización de los materiales y por su rápido crecimiento, lo que los hace adecuados para ensayos de este tipo. Las losetas se prepararon además con diferentes acabados superficiales ya que esto determina una mayor o menor rugosidad de la superficie, factor de gran importancia en las primeras fases de la colonización en la que tiene lugar el asentamiento de los propágulos sobre la piedra (células algales, polen, esporas, etc.).

Las muestras inoculadas se mantuvieron en una cámara climática en condiciones óptimas para el desarrollo de los organismos, cuyo progreso se monitorizó mediante la medida de la fluorescencia de clorofila *a*, ya que al tratarse de organismos fotoautótrofos este parámetro está relacionado con la biomasa del biofilm formado y, por tanto, es indicador en un experimento de este tipo de la biorreceptividad de la roca.

En la tabla 6.2 se pueden ver algunas propiedades de las rocas utilizadas y en la Figura 6.14 los resultados del ensayo. En el granito comercial *Blanco cristal*, cualquiera que sea su acabado superficial, se detectó una menor cantidad de clorofila a, por lo que es el menos biorreceptivo de los analizados. Comparando el efecto del acabado aserrado con el abujardado, se comprobó que en este último el crecimiento de los organismos está favorecido. Comparando los diferentes grados de meteorización (granito Baleante sano y Baleante alterado) se encontró también que la alteración implica una mayor biorreceptividad.

	pH	DR	DA	PA	CS	GS	CC	AC
Baleante sano	7,3	2,67	2,59	3,09	1,19	94,43	0,006	1,17
Baleante alterado	6,8	2,66	2,37	10,98	4,63	98,76	0,157	4,65
Aldán	6,0	2,66	2,55	4,08	1,59	94,87	0,008	1,54
Salceda	6,3	2,66	2,53	4,83	1,90	94,94	0,025	1,85
Blanco Cristal	9,5	2,62	2,60	0,94	0,36	88,45	0,028	0,43

Tabla 6.2. Propiedades hídricas y químicas de distintas variedades de granito empleadas en experimentos de biorreceptividad. Datos tomados de Prieto y Silva (2005). pH: pH de abrasión; DR: densidad real (g.cm^{-3}); DA: densidad aparente (g.cm^{-3}); PA: porosidad accesible al agua (%); CS: contenido de agua en saturación (%); GS: grado de saturación (%); CC: coeficiente de absorción capilar (kg.m 2.sg0^{-5}); AC: agua absorbida por capilaridad (%).

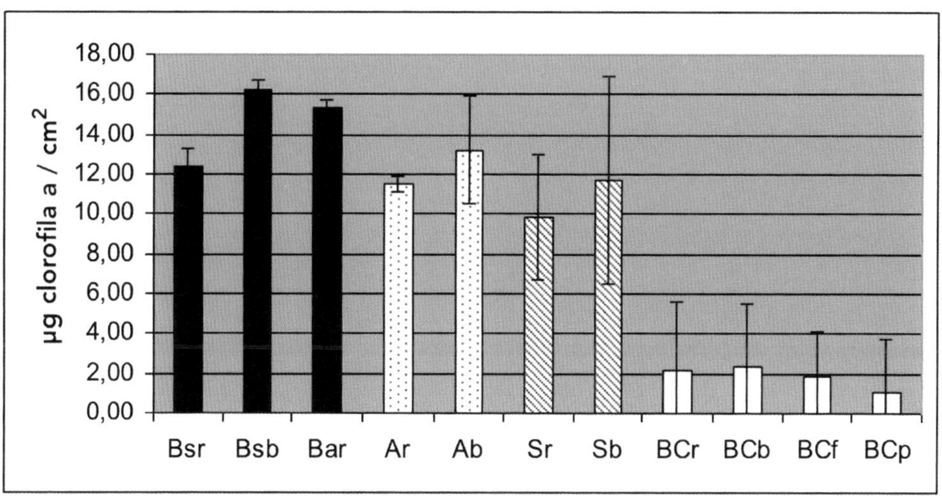

Figura 6.14. Cantidad de clorofila (indicadora de biomasa y proxy de biorreceptividad) en diferentes granitos después de inocular con organismos fotoautótrofos y permanecer 65 días en cámara climática (Bsr: Baleante sano aserrado, Bsb: Baleante sano abujardado, Bar: Baleante alterado aserrado, Ar: Aldán aserrado, Ab: Aldán abujardado, Sr: Salceda aserrado, Sb: Salceda abujardado, BCr: Blanco Cristal aserrado, BCb: Blanco Cristal abujardado, BCf: Blanco cristal flameado, BCp: Blanco Cristal pulido). Sacado de Prieto y Silva (2005).

Los resultados, así mismo, demostraron que la biorreceptividad primaria de los granitos está relacionada fundamentalmente con cuatro propiedades de la roca: densidad aparente, porosidad abierta, contenido de agua capilar y pH de abrasión[113]. El tratamiento estadístico de los datos permitió establecer la relación de estas propiedades con la cantidad de clorofila. Así, conociendo el valor de estas propiedades y aplicando la ecuación que las relaciona se puede predecir el potencial desarrollo de organismos fotoautótrofos (expresado como cantidad de clorofila *a*) y por tanto la biorreceptividad de la roca.

La relación de estas cuatro propiedades con la biorreceptividad se explica porque, en primer lugar, el pH de abrasión es un parámetro que está inversamente relacionado con el grado de alteración de una misma roca, siendo mayor en rocas más sanas que, por ser precisamente más sanas, son más difícilmente colonizables. Por otro lado, una menor densidad aparente indica una mayor porosidad y, consiguientemente, una mayor capacidad de absorber agua por capilaridad, mecanismo por el que se mojan las piedras en los edificios. Así mismo, estas tres propiedades se relacionan con el grado de alteración de la roca ya que, para una misma variedad de granito, una mayor porosidad está relacionada con un mayor grado de alteración. En resumen, lo más importante para que una roca se colonice es que pueda mantenerse húmeda lo cual, además de las condiciones ambientales, está en relación con sus propiedades físicas.

Además, en este ensayo se puso de manifiesto la influencia del acabado superficial en la biorreceptividad del granito: para una misma roca, el crecimiento fue más intenso en los acabados más rugosos que en el acabado pulido.

Una vez reconocido el importante papel de los organismos en el deterioro de los materiales, es clara la importancia de transmitir el concepto de biorreceptividad a los colectivos profesionales implicados en la selección de una piedra para una edificación y al sector comercial de las rocas ornamentales, que desempeña el papel de orientar a los anteriores.

Teniendo todo esto en cuenta, resulta del máximo interés definir un índice de biorreceptividad, parámetro que indique la magnitud de esta propiedad y que sirva para clasificar las rocas en función de ella. Con este fin se desarrolló una investigación que fue objeto de una tesis doctoral[114].

Como resultado, se obtuvo un índice de biorreceptividad (B.I.)[115] robusto y fundamentado cuyo rango (<2 - >8) y asignación cualitativa (desde biorreceptividad muy baja a biorreceptividad muy alta) se muestra en la tabla 6.3.

---

113 Ver nota 72

114 Vázquez-Nion, D. (2016) Primary bioreceptivity of granitic rocks to phototrophic biofilms. Development of a bioreceptivity index. Tesis doctoral. Universidade de Santiago de Compostela.

115 Vázquez-Nion y col. (2018). Bioreceptivity index for granitic rocks used as construction material. Science of the total Environment 633:112-121.

Índice de biorreceptividad (BI)	Clasificación cualitativa
BI ≤ 2	Biorreceptividad muy baja
2 < BI ≤ 4	Biorreceptividad baja
4< BI ≤ 6	Biorreceptividad media
6< BI ≤ 8	Biorreceptividad alta
BI > 8	Biorreceptividad muy alta

Tabla 6.3. Rango de valores del índice de biorreceptividad propuesto y correspondencia con la clasificación cualitativa. Sacado de Vázquez-Nion y col. (2018).

Para la asignación de este índice a una roca es preciso seguir el protocolo establecido en dicha tesis doctoral que consiste en, tal y como se muestra en la Figura 6.15, inducir la colonización sobre muestras de la roca objeto de estudio siguiendo un protocolo estandarizado[116] y determinar dos componentes del índice de biorreceptividad: uno que hace referencia a la intensidad del desarrollo del biofilm sobre la roca (BIgrowth) y otro que hace referencia al cambio estético a que da lugar dicho desarrollo (BIcolour). Estos subíndices se determinan a partir de la cuantificación de la biomasa desarrollada, por cuantificación de la cantidad de clorofila presente, y por determinación de la variación del color de la superficie de la roca objeto de estudio, respectivamente.

Este índice ya fue obtenido para 11 variedades graníticas, tal y como se puede observar en la Figura 6.15, variando de biorreceptividad muy alta a biorreceptividad muy baja, si bien una biorreceptividad media (correspondiente a valores de índice entre 4 y 6) es lo más habitual. En la Figura 6.16, a modo de ejemplo, y con el objeto de clarificar el valor de los índices, se muestra el aspecto de tres rocas antes y después de 3 meses de inducir el desarrollo del biofilm para realizar la asignación del índice de biorreceptividad.

Sería interesante, en un futuro próximo, disponer del índice de biorreceptividad para todas las variedades graníticas comerciales y establecer comparaciones con otro tipo de rocas ya que este índice, hasta el momento, solo ha sido desarrollado para rocas graníticas.

---

116 Vázquez-Nion y col. (2017). Laboratory grown subaerial biofilms on granite: application to the study of bioreceptivity. Biofouling 33 (2017): 24-35.

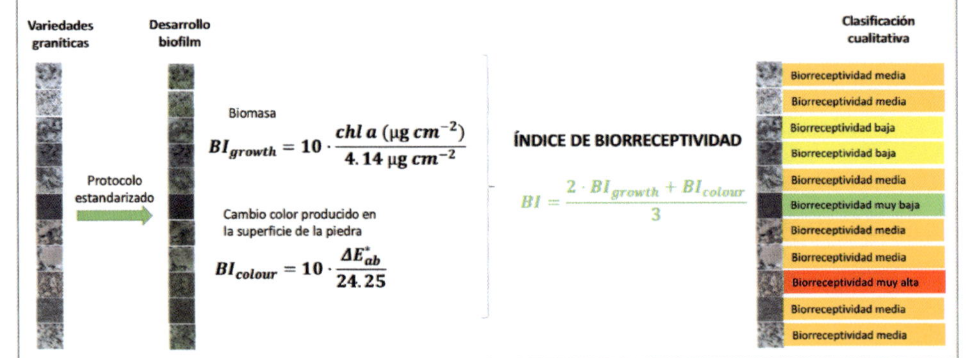

Figura 6.15. Resumen gráfico del proceso a seguir para la asignación del índice de biorreceptividad y valores obtenidos para 11 variedades graníticas.

Figura 6.16. Desarrollo de biofilm sobre tres variedades graníticas diferentes al cabo de 3 meses de su inoculación e índice de biorreceptividad (I.B.) asignado.

Bibliografía

Aira, N. (2007). Pátinas oscuras sobre rocas graníticas: génesis y composición. Tesis Doctoral Universidad de Santiago de Compostela. Servizo de Publicacións e Intercambio Científico. ISBN. 978-84-9750-978-7

Aira, N.; Jurado, V.; Silva B.; Prieto, B. (2007). Gas chromatography applied to cultural heritage. Analysis of dark patinas on granite surfaces. *Journal of Chromatography A*, 1147: 79–84. DOI: 10.1016/j.chroma.2007.02.018

Altieri, A.; Ricci, S. (1994). Il ruolo delle briofite nel biodeterioramento di materiali lapidei. En Proceedings of the 3rd International Symposium The conservation of Monuments in the Mediterranean Basin. V. Fasina, H. Ott, F. Zezza (eds.). Venecia. 329-333.

Arenas, R.; Gil Ibarguchi, J.I.; Fernández Suárez, J.; Sánchez Martínez, S.; Albert, R.; Castiñeiras, P.; García Izquierdo, B.; Andonaegu, P.; Novo Fernández, I.; Díez Fernández, R. (2018). El Complejo de Cabo Ortegal: los terrenos alóctonos del NW de Iberia y los episodios iniciales del ensamblado de Pangea. Excursión 2018 de la Comisión de Petrología, Geoquímica y Geocronología de Rocas Ígneas y Metamórficas de la Sociedad Geológica de España.

Ascaso, C.; Galván, J.; Rodriguez-Pascual, C. (1982). The weathering of calcareous rocks by lichens. *Pedobiologia* 24: 219-229.

Benavente, D.; Bernabéu, A.; Fort, R.; García del Cura, M.A.; La Iglesia, A.; Ordóñez, S. (2000). Caracterización mineralógica, petrológica y petrofísica del mármol comercial Rojo Alicante (Cavarrasa, Alicante). *Geotemas* 1(1): 255-260.

Benavente, D.; García del Cura, M.A.; García-Guinea, J.; Sánchez-Moral, S.; Ordóñez. S. (2004). Role of pore structure in salt crystallisation in unsaturated porous stone. *Journal of Crystal Growth*, 260 (3–4): 532-544. DOI: 10.1016/j.jcrysgro.2003.09.004.

Benavente, D.; Martínez-Martínez, J.; Cueto, N; García-del-Cura, M.A. (2007). Salt weathering in dual-porosity building dolostones. *Engineering Geology* 94 (3–4): 215–226. DOI: 10.1016/j.enggeo.2007.08.003

Bock, E.; Sand, W. (1993). The microbiology of masonry biodeterioration. *Journal of applied bacteriology* 74: 503-514.

Camuffo, D. (1995). Physical weathering of stones, *Sci. Total Environ.* 167: 1–14.

Cañaveras, J.C.; Cuezva, S.; Sanchez-Moral, S; Lario, J.; Laiz, L.; Gonzalez, J.M.; Saiz-Jimenez. C. (2006). On the origin of fiber calcite crystals in moonmilk deposits. *Naturwiss*, 93: 27-32. DOI: 10.1007/s00114-005-0052-3

Caneva, G., Nugari, M.P.; Salvadori, O. (2000). La biología de la restauración. Editorial Nerea, S.A. ISBN. 8489569487, 9788489569485

Caneva, G.; Nugari, M. P.; Salvadori, O. (eds.). (2008). Plant biology for cultural heritage: biodeterioration and conservation. Getty Publications. ISBN. 0892369396, 9780892369393

Capdevila R., Floor P. (1970). Les differentes types de granites hercyniens et leur distribution dans le nord ouest de L'Espagne. *Bol. Geol. Min.*, 81 (2–3): 215-225.

Casal Porto, M. (1989). Estudio de la alteración del granito en edificios de interés histórico de la provincia de La Coruña. Tesis doctoral. Universidad de Santiago de Compostela.

Catálogo de granitos de Galicia (Centro Tecnológico de Galicia). https://www.piedra.online/centro-tecnologico-del-granito/catalogo-de-granitos-de-galicia

Condie, K. C. (1982). Plate Tectonics and Crystal Evolution. 2nd ed., Pergamon, New York, 310 pp. ISBN. 0 7506 3386 7

Delgado Rodrigues, J. (1993). Unknowns and problems relate to the study of granitic rocks and their approach in the STEP projects. En: Alteración de granitos y rocas afines. M.A. Vicente, E. Molina & V. Rives (eds.) C.S.I.C. Madrid. 67-73. ISBN. 84-00-07348-7

Den Tex, E.; Floor, P. (1967). A blastomylonitic and polymetamorphic "Graben" in western Galicia (NW-Spain). Etapes tectoniques. Institut de geologie de l'universite de Neuchatel. (Colloque de Neuchatel 18-21 avril 1966). La Baconniere.

Elthon, D. (1990). The petrogenesis of primary mid-ocean ridge basalts. *Rev. Aquatic Sci.,* 2: 27–53.

Esbert Alemany, R. M.; Ordaz Gargallo, J.; Alonso Rodríguez, F. J.; Montoto San Miguel, M.; González Limón, T.; Álvarez de Buergo, M. (1997). Manual de diagnosis y tratamiento de materiales pétreos y cerámicos. Collegi d'Aparelladors i Arquitectes Tècnics de Barcelona (ed.). Barcelona. ISBN. 84-871-0429-0

Estadística minera de España 2020. (2022). Catálogo de Publicaciones de la Administración General del Estado. Ministerio para la Transición Ecológica y el reto demográfico. Secretaría general técnica. Servicio de Publicaciones. 2022. NIPO: 665-20-023-0

FAO. 2009. Guía para la descripción de suelos - Cuarta edición. Organización de las naciones unidas para la agricultura y la alimentación. Roma, 2009. ISBN. 978-92-5-305521-0.

Farias, P.; Gallastegui, G.; González Lodeiro, F.; Marquínez, J.; Martín Parra, L.M.; Martínez Catalán, J.R.; de Pablo Maciá, J.G.; Rodríguez Fernández, L.R. (1987) Aportaciones al conocimiento de la litoestratigrafía y estructura de Galicia Central. En Memórias da Facultade de Ciências. Universidade do Porto 1, 411-431.

Ferrero Arias, A.; Taboada Castro, J.; Iglesias Comesaña, C.; Baltuille Martín, J.M.; Giráldez Pérez. E. (2017). Aplicación práctica de la metodología de caracterización geológico-minera al yacimiento de granito "Rosa Porriño" (Galicia, España). Cartografía de calidades y estimación y distribución de reservas para la planificación de su explotación. *Boletín Geológico y Minero*, 128 (2): 451-466. DOI: 10.21701/bolgeomin.128.2.012

Fitzner, B.; Snethlage, R. (1982) Ueber Zusammenhange zwischen Salzkristallisationsdruck und Porenradienverteilung. *GP News-letter*, 3, 13-24.

Fort, R.; Bernabéu, A.; García del Cura, M.A.; López de Azcona, M.C.; Ordóñez, S.; Mingarro, M. (2002). La Piedra de Novelda: una roca muy utilizada en el patrimonio arquitectónico. *Materiales de Construcción.* 52 (266), 19-32. DOI. 10.3989/mc.2002.v52.i266.332

García del Cura, M.A.; Rodríguez, M.A.; Ordóñez, S. (2004). Rocas industriales de la provincia de Alicante. En: Geología de Alicante. P. Alfaro, J. M. Andreu, A. Estévez, J. E. Tent-Manclús y A. Yébenes (editores). Alicante. 73-80. ISBN. 84-86980-07-0.

Grant, C. (1982). Fouling of terrestrial substrates by algae and implications for control. A review. *International Biodeterioration Bulletin* 17(4): 113-123

Guillite, O. (1995). Bioreceptivity: a new concept for building ecology studies. *Science of the Total Environment* 167: 215-220. DOI: 10.1016/0048-9697(95)04582-L

Gutiérrez García-M., A.; Royo Plumed, H.; González Soutelo, S.; Savin, M.C.; Lapuente, P.; Chapoulie, R. (2018). The marble of O Incio (Galicia, Spain): Quarries and first archaeometric characterisation of a material used since roman times, *ArcheoSciences*, 40. Online. DOI: 10.4000/archeosciences.4783

Hueck, H.J. (1965). The biodeterioration of materials as a part of Hylobiology. *Mater Organismen* 1: 5-34.

ICOMOS (2011)- Glosario ilustrado de formas de deterioro de la piedra. Comité Internacional de la Piedra de ICOMOS. Paris.

Instituto Geológico y Minero de España-IGME (1981). Mapa Geológico de España, E 1:50.000. Hojas: 2-Cillero, 70-Órdenes, 119-Noia, 151-Puebla del Caramiñal, 185-Pontevedra, 187-Ourense, 223-Vigo. Segunda Serie, primera edición. Servicio de Publicaciones del Ministerio de Industria y Energía.

Instituto Geológico y Minero de España-IGME (2008). Mapa de rocas y minerales industriales de Galicia. Escala 1:250.000.

Instituto Tecnólogico y Geominero de España (I.T.G.E.) (1991). Estudio metodológico para la valoración de las canteras de granito en bloques. Aplicación a una zona de Galicia.

Instituto Tecnológico y Geominero de España (I.T.G.E.) (1992). Rocas ornamentales de España. 2. Edición.

Jones, D.; Wilson, M.J. (1985). Chemical activity of lichens on mineral surfaces. A review. *International Biodeterioration* 21 (2): 99-104.

Jones, D.; Wilson, M.J. (1986). Biomineralization in crustose lichens. En: Biomineralization in Lower Plants and Animals. Leadbeater and Riding (eds.). Special volume n° 30: 91-105.

Julivert M., J. M. Fontbote, A. Ribeiro y L. Conde (1972). Mapa tectónico de la Península Ibérica y Baleares. Instituto Geológico y Minero de España, Madrid.

La Iglesia, A.; González, V.; López-Acevedo, V.; Viedma, C. (1997). Salt crystallization in porous construction materials I Estimation of crystallization pressure. *Journal of Cristal Growth,*177: 111-118. DOI: 10.1016/S0022-0248(96)01072-X

Lazarini, L.; Tabasso, M.L. (1986). Il restauro della pietra. CEDAM-Casa Editrice Dott. A. Milani. Padova, 320 pp. ISBN. 9788813159580

Le Maitre ed. (2002). Igneous Rocks: A Classification and Glossary of Terms. Recommendations of the International Union of Geological Sciences Subcommission on the Systematics of Igneous Rocks; 2 Ed. Cambridge University Press, 252p. ISBN. 9780511535581.

Llana Fúnez, S. (1999). La estructura de la unidad Malpica-Tui (Cordillera Varisca en Iberia). Tesis doctoral. Universidad de Oviedo. Departamento de Geología.

López-Martínez, N.; Fernández Marrón, M.T.; Peláez-Campomanes, P.; De la Peña Zarzuelo, Y.A. (1993). Estudio paleontológico en las cuencas terciarias de Galicia. *Rev. Soc. Geol. España,* 6 (3-4): 19-28.

Martínez Cortizas, A. y Pérez Alberti, A. (Coord.) (1999). Atlas Climático de Galicia. Xunta de Galicia. 207 pp.

Meléndez Hevia I. (2004). Geología de España. Una historia de seiscientos millones de años. Editorial Rueda S.L. ISBN. 84-7207-144-8.

Montojo C., Álvarez J., Sánchez-Biezma M.J., López de Silanes M.E., Prieto B., Silva B., Rivas T. López A.J. Las Ruinas de Santo Domingo de Pontevedra. Montojo C. y López de Silanes (Ed.). Servicio de Publicaciones e Intercambio Científico, Universidad de Santiago (Pub.). 2014. 192 pp.

Muñoz de la Nava, P.; Romero, J.A.; Rodriguez, I.; García, E.; Crespo, A.; Carión, F.; Garbayo, M.P. (1989). Metodología de investigación de rocas ornamentales: granitos. *Bol. Geol. Min.,* 100 (3): 433-453.

Nimis, P.L.; Lazzarini, G.; Lazzarin, A.; Skert, N. (2000). Biomonitoring of trace elements with lichens in Veneto (NE Italy). *Science of the total environment* 255 (1-3), 97-111.
DOI: 10.1016/S0048-9697(00)00454-X

Ordaz, J.; Esbert, R. (1977). Sobre las características geomecánicas de granitos industriales de Galicia. *Bol. Geol. Min.* Tomo LXXXVIII-I: 65-71.

Ordaz J; Esbert, R.; Suiárez del Rio, L.M. (1983). Análisis del sistema poroso de rocas graníticas. *Bol. Geol. Min.* Tomo XICV-III: 236-243.

Portal de Rochas Ornamentais Portuguesas (https://geoportal.lneg.pt/pt/bds/rop/).

Prieto Lamas, B.; Rivas Brea, M.T.; Silva Hermo, B.M. (1995). Colonization by lichens of granite churches in Galicia (Northwest Spain). *Science of the Total Enviromnent* 167: 343-351. DOI: 10.1016/0048-9697(95)04594-Q

Prieto, B. (1997). Biodeterioro de rocas graníticas. Contribución de los líquenes al deterioro del Patrimonio Monumental construido. Servicio de Publicacións e Intercambio científico da Universidade de Santiago de Compostela (Ed.), 307 pp.

Prieto, B.; Rivas, T.; Silva B.; Carballal, R. López de Silanes, M.E. (1994). Colonization by lichens of granite dolmens in Galicia (NW Spain). *International Biodeterioration & Biodegradation* 34 (1): 47-60. DOI: 10.1016/0964-8305(94)90019-1

Prieto, B.; Rivas, T.; Silva, B.; Carballal, R.; Sanchez-Biezma, M.J. (1995). Etude écologique de la colonisation lichénique des églises des environs de Saint-Jacques de Compostelle (NW Spain). *Cryptogamie, Bryologie, Lichenologie* 16 (3): 219-228.

Prieto, B.; Silva, B.; Rivas, T.; Wierzchos, J.; Ascaso, C. (1997). Mineralogical transformation and neoformation in granite caused by the lichens *Tephromela atra* and *Ochrolechia parella*. *International Biodeterioration and Biodegradation,* 40 (2-4): 191-199. DOI: https: 10.1016/S0964-8305(97)00052-8

Prieto, B.; Rivas, T.; Silva, B. (1999). Environmental factors affecting the distribution of lichens on granitic monuments in the Iberian peninsula. *The lichenologist* 31(3): 291-305. DOI: 10.1006/lich.1998.0174

Prieto, B.; Seaward, M.R.D.; Edwards, H.G.M.; Rivas, T.; Silva, B. (1999). Biodeterioration of granite monuments by Ochrolechia parella (L.). Mass and F.T. Raman spectroscopy study. *Bioespectroscopy* 5: 53-59.

Prieto, B.; Seaward, M.R.D.; Edwards, H.G.M.; Rivas, T.; Silva, B. (1999). An FT-Ramman spectroscopic study of gypsum neoformation by lichens growing on granitic rocks. *Spectrochimica Acta* (Part A) 55: 211-217. DOI: 10.1016/S1386-1425(98)00245-5

Prieto, B.; Edwards, H.G.M.; Seaward, M.R.D. (2000). A Fourier transform-Raman spectroscopic study of lichen strategies on granite monuments. *Geomicrobiology Journal* 15: 55-60. DOI: 10.1080/014904500270495

Prieto, B.; Rivas, T.; Silva, B. (2001). Alteración del granito por acción de los líquenes. Aspectos Biogeoquímicos y Biogeofísicos. En: Biodeterioro de Monumentos Históricos de Iberoamérica, Vol. II (2001). Eds. H. Videla y C. Saiz-Jiménez. CYTED, Taller 4, La Plata, Argentina. ISBN. 84-699-7746-6

Prieto, B.; Silva, B. (2005). Estimation of potential bioreceptivity of granite rocks from their intrinsic properties. *International Biodeterioration and Biodegradation* 56: 206-215. DOI: 10.1016/j.ibiod.2005.08.001

Prieto, B.; Aira, N.; Silva, B. (2007). Comparative study of dark patinas on granitic outcrops and buildings. *Science of the Total Environment* 381: 280–289. DOI: 10.1016/j.scitotenv.2007.04.002

Prieto, B.; Sanmartín, P.; Silva, B.; Martínez-Verdú, F. (2008). Una metodología eficaz para la caracterización del color por medidas de contacto en rocas graníticas. Óptica pura y aplicada, 41 (4) 389-396.

Rivas, T. (1996). Mecanismos de alteración de las rocas graníticas utilizadas en la construcción de edificios antiguos de Galicia. Tesis doctoral. Servicio de Publicaciones e Intercambio Científico. Universidad de Santiago de compostela. 368 pp.

Rivas, T.; Prieto, B.; Silva; B. (1997). Gypsum formation in granitic rocks by dry deposition of sulphur dioxide. En: Proceedings of the IV Int. Symp. on the conservation of monuments in the Mediterranean Basin, Rhodes. pp. 263-270. ISBN. 9789607018595.

Rivas, T.; Prieto, B.; Silva, B. (2000). Influence of rift and bedding planes on the physico-mechanical properties of granitic rocks. Implications for the deterioration of granitic monuments. *Building and Environment* 35, 387-396. DOI: 10.1016/S0360-1323(99)00037-2

Rivas, T.; Pozo, S.; Paz, M. (2014). Sulphur and oxygen isotope analysis to identify sources of sulphur in gypsum-rich black crusts developed on granites. *Science of the Total Environment* 482–483: 137–147. DOI: 10.1016/j.scitotenv.2014.02.128

Robert, M. (1993). Role du facteur biologique dans la degradation des roches et des monuments. En: Alteración de granitos y rocas afines. M.A. Vicente: E. Molina y V. Rivas. (eds.). C.S.I.C. Madrid.

Sanmartín, P.; Vázquez-Nion, D.; Arines, J.; Cabo-Domínguez, L.; Prieto, B. (2017). Controlling growth and colour of phototrophs by using simple and inexpensive coloured lighting: A preliminary study in the Light4Heritage project towards future strategies for outdoor illumination. *International Biodeterioration & Biodegradation* 122: 107-115. DOI: 10.1016/j.ibiod.2017.05.003

Santanach Prat, P. (1994). Las Cuencas Terciarias gallegas en la terminación occidental de los relieves pirenaicos. *Cuaderno Lab. Xeolóxico de Laxe.* 19: 57-71.

Silva Hermo, B.; Prieto Lamas; B.; Rivas Brea, T.; Pereira Pardo, L. (2010). Gypsum-induced decay in granite monuments in Northwest Spain. *Materiales de construcción* 60 (297): 97-110. DOI: 10.3989/mc.2010.46808

Silva, B.; Rivas, T.; Prieto, B.; Martínez, A. (1993). Metodología aplicable al estudio de la alteración de rocas graníticas usadas en construcción. *Cuaderno Lab. Xeolóxico de Laxe,* 18: 345 354.

Silva, B.M.; Rivas, M.T.; Prieto, B.; Delgado, J. (1996). A comparison of the mechanisms of plaque formation and sand disintegration in granite in historic buildings. En: M.A. Vicente, J. Delgado, J. Acevedo (eds.). Degradation and Conservation of granitic rocks in monuments. European Commission DG XII (publ.). 269-274. ISBN. 2-87263-166-6

Silva, B.; Prieto, B.; Rivas, T.; Sánchez-Biezma, M.J.; Paz, G.; Carballal, R. (1997). Rapid biological colonization of a granitic building by lichens. *International Biodeterioration and Biodegradation,* 40 (2-4): 263-267. DOI: 10.1016/S0964-8305(97)00051-6

Silva, B.; Rivas, T.; Prieto, B. (1999). Effects of lichens on the geochemical weathering of granitic rocks. *Chemosphere* 39 (2): 379-388. DOI: 10.1016/S0045-6535(99)00116-2

Silva, B.; Rivas, T.; Prieto. (2002). Centro Galego de Arte Contemporáneo de Santiago de Compostela. Caracterización del granito y de sus alteraciones. *Roc-Máquina.* 71:14-20.

Silva, B.; Rivas, T.; Prieto, B.; Zezza, F. (2002). Methodological approach to evaluate the decay of granitic monuments affected by marine aerosol. En: Protection and Conservation of the Cultural Heritage of the Mediterranean Cities. E. Galán y F. Zezza (eds). A.A. Balkema Publishers. 365-370. ISBN: 9058092534

Silva, B.; Rivas, T.; Prieto, B. (2003). Soluble salts in granitic monuments: origin and decay effects. En: Applied Study of Cultural Heritage and Clays. J.L.Pérez (ed.). pp 113-130. ISBN: 84-00-08197-8

Silva, B., Prieto, B. (2004). Lichens on granite monuments: decay implications. En: Biodeterioration of Stone Surfaces. L.L. St. Clair y M. Seaward (eds.). Kluwer Academic Publishers . Netherlands. (ISBN 1-4020-2803-2)

Silva, B.; Rivas,T.; García-Rodeja,E.; Prieto,B. (2007). Distribution of ions of marine origin in Galicia (NW Spain) as a function of distance from the sea. *Atmospheric Environment,* 41:4396-4407. DOI: 10.1016/j.atmosenv.2007.01.045

Silva, B.; Prieto, T.; Rivas. T. (2010). O megalitismo da Costa da Morte: materiais construtivos e procesos de alteración. En: López Díaz, A.J. & Ramil Rego, E. (Ed.): Arqueoloxía: Ciencia e Restauración. Monografías, 4. Museo de Prehistoria e Arqueoloxía de Vilalba, Vilalba (Lugo). pp.: 21-30, ISBN 978-84-88385-20-3.

Sterflinger, K.; Krumbein, W. E. (1997). Dematiaceous fungi as a major agent for biopitting on Mediterranean marbles and limestones. *Geomicrobiology* 14(3): 291-230. DOI: 10.1080/01490459709378045

Streckeisen, A. L., (1974). Classification and Nomenclature of Plutonic Rocks. Recommendations of the IUGS Subcommission on the Systematics of Igneous Rocks. *Geol Rundsch* 63, 773–786. DOI: 10.1007/BF01820841

Suárez del río (1982). Estudio petrofísico de materiales graníticos geomecánicamente diferentes. Tesis doctoral. Dpto. Petrología. Universidad de Oviedo.

Taboada Rodriguez, T.M. (1992). Procesos de meteorización de rocas graníticas de Galicia bajo diferentes ambientes edafoclimáticos. Tesis Doctoral. Univ. Santiago de Compostela. 367 pp.

Taylor, S. R.; McLennan, S. M. (1985). The Continental Crust: Its Composition and Evolution. Oxford: Blackwell, 312 pp.

Toyos, J.M.; Taboada, J.; Lombardero, M.; Romero, J.A.; Menéndez, A. (1994). Estudio de las discontinuidades en yacimientos de roca ornamental. *Bol. Geol. Min.* 105-1: 110-118.

Tsui, N., Flatt, R. J., & Scherer, G. W. (2003). Crystallization damage by sodium sulfate. *Journal of Cultural Heritage,* 4(2), 109-115. DOI: 10.1016/S1296-2074(03)00022-0

Vázquez-Calvo, C., Alvarez de Buergo, M. & Fort, R. (2007). Overview of recent knowledge of patinas on stone monuments: the Spanish experience. En: R. Prikryl & B. Smith (eds.). Building Stone Decay: Diagnosis to Conservation. Geological Society Special Publications 271, London, 295-307. ISBN. 978-1-86239-218-2

Vázquez-Nion, D. (2016). Primary bioreceptivity of granitic rocks to phototrophic biofilms. Development of a bioreceptivity index. Tesis doctoral. Universidad de Santiago de Compostela. Servizo de Publicacións e Intercambio Científico.

Vázquez-Nion, D.; Silva, B.; Prieto, B. (2018). Bioreceptivity index for granitic rocks used as construction material. *Science of the total Environment* 633:112-121. DOI: 10.1016/j.scitotenv.2018.03.171

Vázquez-Nion, D.; Silva, B.; Troiano, F.; Prieto, B. (2017). Laboratory grown subaerial biofilms on granite: application to the study of bioreceptivity. *Biofouling* 33 (2017): 24-35. DOI: 10.1080/08927014.2016.1261120

VV.AA. (1991). La Minería en Galicia. Dirección Xeral de Industria. Consellería de industria e Comercio. Octubre 1991.

VV.AA. (1999). Patrimonio Geológico del Camino de Santiago. Ministerio de Ciencia e Innovación. Instituto Geológico y Minero (1999), 176 páginas. ISBN: 978-84-7840-380-6

Wilson, M. J. (1995). Interactions between lichens and rocks. A review. *Criptogamic Botany* 5: 299-305.

Winkler, E.M. (1975). Stone: properties, durability in man's environment. Springer- Verlag (Ed.). 2nd Ed. 230 pp. ISBN. 0387810714

Wirth, V. (1980). Flechtenflora. Stuttgart: Ulmer.

HI-4-3

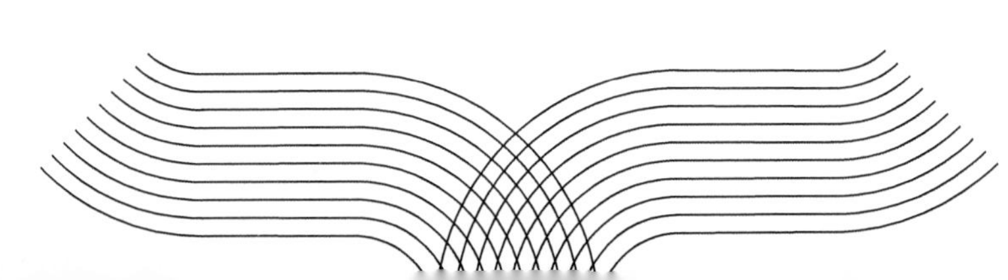